空降神兵

〔航空特戰80載〕

黃竣民 ——著

【目錄 Contents】

推薦序 005
前言 012

第一章　忠義驃悍的鋼鐵傘兵 017
- 能耐天磨方好漢 018
- 擊敗「超人」的傘兵 028

第二章　從烽火中創立與艱辛的長成 041
- 草創階段，見證中美友誼 042
- 開平首戰，初試啼聲；三戰連捷，奠定基礎 058
- 兄弟鬩牆、國共分家 063
- "向上3哩、向下3哩"，「托科亞人」的崛起 067

第三章　空降＋特戰的茁壯時期 085
- 「粉碎計劃」、空降東山 086
- 「天兵」躍戰力、「國光」卻告終 092

- 壽山秀傘技、「神龍」終有譜 ⋯⋯⋯⋯⋯⋯⋯⋯⋯⋯⋯⋯⋯ 097
- 戰略轉變、驃悍不改 ⋯⋯⋯⋯⋯⋯⋯⋯⋯⋯⋯⋯⋯⋯⋯⋯ 114
- 沒有三兩三，哪敢進"涼山" ⋯⋯⋯⋯⋯⋯⋯⋯⋯⋯⋯⋯ 123
- 陸軍航空兵的崛起 ⋯⋯⋯⋯⋯⋯⋯⋯⋯⋯⋯⋯⋯⋯⋯⋯⋯ 146
- 中美合作、突擊兵緣起 ⋯⋯⋯⋯⋯⋯⋯⋯⋯⋯⋯⋯⋯⋯⋯ 166
- 「最強突擊兵競賽」 ⋯⋯⋯⋯⋯⋯⋯⋯⋯⋯⋯⋯⋯⋯⋯⋯ 185

第四章 航空特戰的新時代 ⋯⋯⋯⋯⋯⋯⋯⋯⋯⋯⋯⋯⋯⋯ 191

- 「地空整體」成勁旅、「特戰反恐」變焦點 ⋯⋯⋯⋯⋯ 192
- 空投悍馬車、技術上層樓 ⋯⋯⋯⋯⋯⋯⋯⋯⋯⋯⋯⋯⋯⋯ 212
- 老母雞有回憶、新型機有期待 ⋯⋯⋯⋯⋯⋯⋯⋯⋯⋯⋯ 215
- 勇闖「惡人谷」、養成「突擊兵」 ⋯⋯⋯⋯⋯⋯⋯⋯⋯ 228
- 突擊兵情誼、千里一線牽 ⋯⋯⋯⋯⋯⋯⋯⋯⋯⋯⋯⋯⋯⋯ 244
- 昔日「成功大隊」、今日「海龍蛙兵」 ⋯⋯⋯⋯⋯⋯⋯ 254

第五章 注重傳統與開創未來 273
- 傳統傘降的「全美」與現代空突的「嘯鷹」為鏡 274
- T-10 傘花開一甲子、後續開哪種傘花？ 285
- 「大武營」滾一甲子、「大聖西」續創新猷 290
- 從「土法煉鋼」邁向「科技練兵」之路 301
- 「雙腿併攏」（美國陸軍空降學校現況） 306
- 跳傘危險嗎？ 318
- 時代出女力、航特續前行 323

後記 332
附錄：「陸軍航空特戰指揮部」組織編成沿革暨大事記要圖表 .. 334

推薦序

　　空降部隊在世界各國都被視為最具有戰力的部隊之一，主要原因是其任務是要在地面作戰部隊攻擊前，就要以空降方式滲入敵境內，在無任何外援下獨力完成作戰任務，並堅守陣地等待與前來的部隊會師；就因為在敵境內作戰過程中完全是獨立作戰，無任何其他外來援助，所以空降部隊除了必須具有高強戰力外，更需具備堅強的精神戰力與頑強的戰鬥意志，故一直以來「勇猛剽悍」不怕死、不怕難的傳統精神，就是我國空降部隊最優良的傳承。

　　我國空降部隊成立在對日抗戰期間的民國33年，也曾經有過多次光榮戰績；在政府遷台後，因為國軍任務的改變，空降部隊的組織與任務也跟著不斷調整，在民國95年改編為現今的陸軍航空特戰指揮部，是一支由空降、特戰、陸航、特勤、兩棲等高度專業部隊組成的精銳戰旅，但是一直不變的是空降部隊「勇猛剽悍」之優良傳統。

　　個人自民國70年陸軍官校畢業後加入了陸航部隊服務，期間也曾經在民國88年調入屏東空特部（大武營）擔任作戰處作戰科長一職，但當時對於空降特戰部隊只有初步的認識；真正讓我體認到空降特戰部隊的堅實戰力，是在民104年5月我再次調入航特部指揮官以後；在那

年航特部就參加了在新竹湖口台地舉行的「慶祝抗戰勝利70週年閱兵與地空整體戰力展示」演習,又在9月支援了空軍教練機馬博拉斯山重大飛安失事搜救任務,在這兩次艱鉅且重要的任務裡,才讓我真正認識到空降特戰部隊官兵的堅強戰力。

在「慶祝抗戰勝利70週年閱兵與地空整體戰力展示」演習裡,從接到任務到實兵操演只有短短不到一個月的時間,但是在所有特戰官兵與陸航部隊的完美協同下,非常圓滿順利的完成任務,也讓全體國人真正看到航特部隊的強大戰力;那次操演除了高空特勤中隊的個人近身搏鬥戰技精彩演出外,第二階段地空整體戰力實兵操演,特戰部隊配合陸航的各型直升機,更讓所有人看見了空中突擊垂降、聯合機降突擊、突擊車快速追擊、陸空聯合高速機動撤離等實兵操演課目,真正看到了航特部隊官兵嫻熟戰技的真實震撼和強大戰力。

同年9月22日空軍一架AT-3教練機在嘉義馬博拉斯山周邊山區訓練時失事,上午我在歸仁基地辦公室就接到總長的指示,要我們特戰部隊立即編組特搜小組,從空中及地面立即向花蓮集結準備支援搜救任務;在接獲命令後,特戰搜救排就立即完成整備,並搭配CH-47SD中

運機，以空中及地面機動方式，於當晚8點就在空軍花蓮基地集結完畢。

在此次搜救任務中，陸航部隊擔任空軍空中搜尋部隊的預備隊，特戰地面搜救小組，則以高空特勤中隊6-8人編成，由時任特指部副指揮官方裕原上校指揮，會同花防部副指揮官古勝文少將一同進入山區，配合空軍執行空地聯合搜救任務；特戰部隊另還編成空中垂降小組，配合C機在必要時執行繩降救援任務

由於失事地點屬於原始森林的高山絕壁地形，無任何地面接近路線，加上森林密佈複雜所以搜尋困難，空軍在連續5日的空中搜索均無法發現失事飛機；緊隨而來的是，此時中央氣象局又發出「『杜鵑』颱風將於9月29日直撲宜花地區而來」的颱風預警警報，這更壓縮了搜救任務的可用時間。

在0922-26日聯合搜救任務開始後的4天裡，都因山區天氣能見度太低，空中搜救行動無法進入失事地區，所以一直沒有進展，另外地面搜救小組，也因無路可接近目標區，只能自行開闢接近路線，還要跨越多處陡峭山林讓進度非常緩慢，整體搜救進展非常不順利，也讓失事飛官家屬與國內不滿的輿論逐漸升溫。

9月26日晚考量颱風即將來襲，總長立即調整搜救方式與部署，要求航特部直接接替空軍進入失事地區執行搜救任務；27日上午0530時，在花蓮待命的陸航CH47SD直升機，就搭載由特指部指揮官劉協慶少將所指揮的特戰分隊16人自機場起飛，任務機在0600進入目標區實施低空低速空中偵察，0630時就發現失事飛機殘骸的位置，並目視到飛機是直接撞擊約60度以上坡度的原始森林山壁上，高度約為3,000公尺，但是週邊沒有任何接近路線，也無適合飛機降落地點，更因位置山勢陡峭，也無法以直升機吊掛方式執行救難任務。

　　此時在飛機上的特戰搜救官兵，就在劉協慶指揮官的命令下，毫不猶豫地直接垂降到附近較為平坦的山頂一處緩坡地面，一方面開設直升機野戰落地場，另一方面用繩索聯接方式，慢慢下山尋找接近失事現場的路線；30分鐘後另一架C機又接續進入，接續繩降另外16位特戰分隊弟兄支援，這個特戰排弟兄就在毫無外援情況下，獨力在3,000公尺高的原始森林地區執行任務一晝夜，其危險及困難程度實非一般人可以想像；而此時從地面進入的另一組特勤搜救小組卻因為山勢阻擋，無法按計畫時間到達目標區會合，同時也面臨補給用盡的困境，更無法在

颱風來襲前及時循原路下山，這也讓整個搜救任務面臨著另一個重大危機。

在飛機失事現場作業的這些特戰弟兄，就在這種困難地形裡齊心努力作業一天後，不但完成直升機野戰落地場開設作業，讓後續支援的直升機可以勉強落地作業，同時也設法把空軍失事遇難的飛官遺骸送上 C 機，連同所有特戰部隊一起由空中返回花蓮基地；同時前進受阻且缺乏補給的另一組地面搜救小組，也在該搜救隊中的特勤官兵協力下，在高山地區以陸空聯合作業方式，配合陸航 C 機以超高難度的高高度（近 8,000 呎）森林穿越吊掛方式，將所有人員吊上飛機後安全撤返空軍花蓮基地，順利完成所有搜救任務。

在這次任務完成後，總長公開表揚航特部隊「在那麼困難複雜的地形，那麼惡劣的天候狀況，還能在那麼短的時間內達成任務，這是個『驚嘆號』；充分展現出航特部隊的高度專業和兵科特性，航特部無疑是國軍最有戰力而且無法取代的作戰部隊」。

這件事雖然已經過了 9 個年頭，但是當時劉協慶指揮官與方裕原副指揮官所率領的特戰弟兄的真實故事，將會永遠深深印存在我的心中，

我相信一定也會保存在所有參與官兵和國防部所有長官心中；以特戰部隊這種戰力表現，被稱為「國軍防衛作戰的關鍵戰力」的確恰如其分。

特戰部隊除了堅強戰力外，官兵間相互關懷、相互扶持的情誼，也是國軍所有部隊的表率；2018年5月17日的「漢光34號演習」預演，空降特戰部隊上兵秦良丰，在執行台中清泉崗基地反空降跳傘操演時，因主傘張傘不完全、副傘吃風不足直接落地，從原先到醫院前心肺功能停止（OHCA）狀況下被搶救回來。

秦良丰從死神手中搶救回來後，到現在仍不斷努力復健，甚至已經能慢慢說話表達、寫字，還能自己進食、使用手機、滑動輪椅，還能靠著外骨骼輔助器材練習走路；在這個被醫學界稱為「奇蹟」的背後，事實上良丰還有一個最重要的精神依靠，那就是空降特戰部隊所有弟兄在這段期間裡不棄不捨的部隊情誼；在良丰出事後這段艱辛復健過程中，所有特戰官兵都未曾中斷過關懷和加油打氣，持續照顧和問暖鼓勵，這些都是支持良丰能維持到現在的最大動力，這也可以體現出傘兵特戰部隊在敵後獨立作戰時，必須相互照顧與支援的部隊特性，也能完全表現出特戰弟兄間血濃於水的特殊革命情感。

推薦序

　　這本「空降神兵」，作者從鋼鐵傘兵秦良丰艱辛的復健過程切入，除了讓國人了解到特戰部隊的堅強戰力外，也可以看到這支部隊兄弟間相互的熱愛和濃厚感情。

　　緊接著作者為了讓國人瞭解，為何所有在航特部服役的弟兄，都願意為它無私付出、全力奉獻，以說故事的方式記載了我國陸軍航特部隊的最初源起，以及如何演變成為現在如同美國「綠扁帽」、「海豹」、「傘降救援隊」一樣的高度專業三棲作戰部隊的艱辛歷程，所以這是一本想要認識或了解我國空降特戰部隊發展歷史的好書，也可以讓國人看到所有空降特戰官兵所付出的辛勞，更可以讓已退伍的空降特戰長官弟兄，在書中找到曾經參與其中的美好回憶，所以個人非常榮幸可以向各位推薦這本好書。

前陸軍副司令退役中將
黃國明

前言

　　一轉眼，中華民國的傘兵部隊已經成立超過 80 個年頭了，而現在傘兵所屬的航空特戰部隊也早已不再只是傘兵的元素，而是有了更豐富（航空兵、傘兵、特戰兵、突擊兵、海龍蛙兵）的面貌。有幸回首這一段從傘兵初期篳路藍縷、虛有其名的組建過程，成長至今的「空降特戰」與「地空整體」，希望能夠讓這一段歷史不被後人所遺忘。先前已經出版過以「綠色惡魔」（Green Devils）為主題的德國傘兵寫真作品～《鋼鐵傳奇：德意志傘兵》，也就在這一段的因緣際會下，讓我有機會再次展開以「傘兵」歷史為核心的寫作之旅。

　　為了催生出這一本回顧「陸軍航空特戰指揮部」走過八十年風華如此具有歷史意義的作品，如果寫作方向還是與坊間先前出版的作品類似的話，恐怕會令讀者們提不起勁；另一方面又不願意內容過於八股，彷彿像年度大事記要般的行禮如儀，最後的功能只是躺在各隊史館中養灰塵，這些都不是身為一位作者所願意看到的結局。所以，當時在接獲這個案件的邀請時，就特別提出了一些有關內容走向的看法，希望它能成為歷史文獻外，還是一本具有人文味道的軍史作品，於是規畫了一些要去走訪的地點與人物，這當然也包括了被稱是「鋼鐵傘兵」的秦良丰！

也不得不說，如此緊湊的寫作行程幾乎史無前例，而所投入的心力也是超乎外界想像。因為既然我國的傘兵是由美國所一手培訓而成，那從走訪美國傘兵的發源地－庫拉希（Currahee）山的「托科亞營區」（Camp Toccoa）作為開始，或許才會是這一本書的特色所在；畢竟大多數人都是受到影視作品的影響。隨著時間的演進，歷經國共緊張的對峙關係，到全力發展國土防衛作戰的戰略轉型，連「突擊兵」（Ranger）訓練在兩國之間都有一段很好的默契，個人也非常榮幸可以為兩國資深的「突擊兵」完成生前的願望，並實際到喬治亞州的達洛尼加（Dahlonega）了解美國「突擊兵」在山地訓練營的情況，也到「美國陸軍空降學校」（United States Army Airborne School, USAAS），瞧一瞧美軍陸軍現在訓練傘兵的過程是如何，再來跟國軍現行的訓練和設施做個比較…這些都是在目前的中文著作中尚未被提及的元素。

雖然從小就耳聞「神龍小組」的威名，成長過程又因接觸過許多空降作戰的史蹟，然而傘兵卻一直是個人軍旅中內心所感到的一個小小遺憾，現在反而有這機緣可以透過另類的方式延續對它的景仰，也算是一種安慰吧！回想學生時期還在谷關的「麗陽營區」受訓，但現在的營

區都與我腦海中以前的模樣大相逕庭了。尤其是傘兵們熟悉的「大武營區」，也在幾年前卸下了時代的任務，在培育近40萬傘兵之後，轉型為地方發展繼續做出另一種貢獻。而現在位於屏東基地內「空降訓練中心」所在的「大聖西營區」，儼然已是新的「傘兵之家」，編制也移至「陸軍教育訓練暨準則發展指揮部」麾下。隨著俗稱「涼山」與「海龍」這些特種部隊的加入，也讓航特部成為最具特種作戰能量的單位。

　　隨著戰具的改變，直升機的科技發展也日益成熟，我國也在美國的協助下，讓陸軍航空兵從定翼的連絡機向旋翼機轉型，現在更擁有世界一流的AH-64E型攻擊直升機。地空整體作戰的概念雖於上個世紀80年代開始形成風潮，以陸航執行敵後縱深垂直打擊的任務，儼然已成為反制優勢兵力的基本戰術；而直升機強大的反坦克作戰能力，也能大大抵銷了數量龐大的敵軍裝甲力量，這在台海防衛作戰上也是至關重要的一環。為此，也特地走訪了美國的「諾沃塞爾堡」（Fort Novosel），一睹美國陸航組織與裝備的發展路徑，在未來無人機化的趨勢下，期望國內的相關單位能及早做出應對之策。

回顧時間的演進與「軍事事務革新」，傘兵部隊歷經「空降」、「特戰」、「空降特戰」，到現在的「航空特戰」，官兵也不斷地在傳統與創新之間與時俱進，用現代化的裝備與思維勤訓精練，成為國軍無可取代的鋼鐵勁旅之一，更不諱言地說可是陸軍的掌上明珠啊！但由於篇幅有限，再多筆墨都難以為這一支部隊的人物與歷史留下完整的記載，肯定還有遺漏的精采故事有待發掘，希望這只是起拋磚引玉作用的 Vol. 1，後繼能有人持續推出 Vol.2,3…補好、補滿，讓「忠義驃悍、勇猛頑強」的軍風繼續流傳下去。畢竟，能留下的文獻叫作「歷史」，沒有留下文字的只能稱作是「回憶」了！

第一章

忠義驃悍的鋼鐵傘兵

- 能耐天磨方好漢
- 擊敗「超人」的傘兵

能耐天磨方好漢

對於成為搭機只買"單程票"的傘兵而言，菜鳥們既期待又怕受傷害的心情，在機上便可與氣定神閒的「神龍小組」（右排）組員做出對照。（Photo/ 王清正提供）

　　綜觀近年來國人對於傘兵的議題，最讓人聯想到的人物莫過於秦良丰了！他除了將勇猛頑強的傘兵軍風做了最佳詮釋外，也以鋼鐵決心意外地在醫學界讓世人見識到復健的奇蹟！

　　回顧發生在 2018 年 5 月 17 日的「漢光 34 號演習」預演，這一場跳傘時發生的意外事件當中，讓更多人對於傘兵的高危險性有了更深刻的認識；也讓國人有機會見證到這一位傘兵界的「鋼鐵人」，是如何從癱瘓走出自己的下半場人生～

聊起這一位陽光大男孩，從小內心便嚮往具有挑戰性的生活，或許在血液中就充滿著豐富的冒險基因。在大學畢業後，秦良丰也如同其他男孩一樣接到兵單，依令到台南官田的新訓中心報到，接受為期 2 個月的新兵入伍訓練（當時的役男仍須服一年役期）。就在新訓期間，特指部招募官到部隊宣導轉服的機會時，突然覺得這樣的部隊似乎比較能符合本身的性格，畢竟從小受到父親的影響，加上男孩對於槍械之類比較 MAN 的東西總是比較有興趣，而相較於一般部隊，待在特戰部隊似乎能有更多采多姿的生活體驗。而與其都是要服兵役為國家盡義務，何不讓時間過得更充實，待遇也更好一些（志願役加給＋野戰加給＋跳傘加給）；畢竟成年的他實在也不想再讓自己成為家裡的經濟負擔，因此就毅然決然地簽了轉服四年的志願役士兵，並選了以訓練嚴格著稱的特指部。

然而想要進入空降特戰部隊的首部曲，就得要先到屏東的「空訓中心」；也就是有號稱「傘兵的家」的「大武營區」取得第一張門票才行！這一個部隊風氣明顯的差別，打從他自新訓中心結訓後，馬上就有著截然不同的感受。因為這裡的地面訓練一絲不苟，任何動作不標準就是到旁邊腿力訓練（蹲跳）後再重做，第一天光是滾那"四個方向、六個動作"的「跳台測滾」課目，就已經腰痠背疼，撒隆巴斯都不知道噴了幾罐，連上下床都感到吃力。不過這應該是所有傘兵共同的痛苦回憶，俗話說："不經一番寒徹骨，焉得梅花撲鼻香"；想要成為天將神兵的一員，這些都是必經的過程。

傘兵的地面訓練，一切先從「滾」開始。（Photo/ 王清正提供）

好不容易滾出一片天，通過教官的考核能夠上飛機，對於第一次空跳時的心情，迄今依舊是記憶猶新，畢竟是第一次搭軍機，而且傘兵都只買了"單程票"，內心是既期待又怕受傷害可想而知。順利完成五次的空跳後取得傘徽，也就代表著在屏東的日子告一段落，只是連他自己當時也都不清楚為何執意要往北部的單位調，或許只想證明自己已經獨立或是什麼，可是在經過部隊的調適教育後，這樣的念頭又被打消，腦子似乎才又恢復正常，還好當時的特 3 營有職缺，就這樣可以回到離家較近一點的單位。

隨著年資的增長，在連隊的職務也從基礎的步槍兵轉為迫砲兵，為了符合這項軍職專長，只好前往高雄鳳山的「步兵訓練指揮部」接受訓期一個月左右的迫砲專長訓。此外，回到原建制單位後，先前嚮往冒險生活的基因仍然存在，因此又報訓參加在谷關的水域作戰班隊，在每日操舟／覆舟、游泳、水肺潛水…的課目上起來雖然累人，但卻是能結合到本身的興趣，況且他先前的泳技已經不差，能再繼續習得更多潛水類的技能也是心之所向，因此受訓的苦差事對他而言反而過得如魚得水，沒像其他人會有一些排斥感產生。

既然轉服了志願役，每年國軍的"大拜拜"（漢光演習）總是要參加，因此位於屏東佳冬的昌隆農場，通常都是特指部操演科目的空降（投）區，在那片台糖的12甲農地中，承租的農民們種植了香蕉、鳳梨…等農作物，除了場地大以外，似乎也沒比潮州空降場好到哪裡去（潮州至少是厚積的草皮，因為長年的經費都不足以外包廠商將草割完）！試想，傘兵著陸後如果一頭栽進鳳梨田，不是屁股坐蓮花、就是臉要撞成為釋迦摩尼佛的慘狀；而在農場的周邊就有納骨塔、殯儀館、宗教寺廟、超高壓變電所…等房屋仲介所稱的"嫌惡設施"，某種程度上對於傘兵的心理而言，都是一種莫名增添的"無形"壓力！但是良丰也在這裡的操演任務中前後跳了5次均毫髮無傷，顯見他在基本傘訓時打下的硬底子。

左｜完成基本傘訓的秦良丰，當時在「大武營區」舉行的結訓典禮，還是由秦爸親自為他別上中華民國的傘徽。（Photo/ 秦天人提供）

右｜一走就是 300-500 公里的「山隘行軍」訓練，每位特戰營的官兵必須全副武裝＋背負至少 25 公斤的個人裝備行軍 20 天左右，可以見到擔任迫砲兵職務的他攜行的 60mm 迫擊砲。（Photo/ 秦天人提供）

　　特戰部隊之所以過硬，在於全年度並非只有「漢光演習」的菜要出，單位本身的訓練計劃就快滿檔，尤其近年來大力執行的「山隘行軍」訓練，每位官兵必須全副武裝＋背負至少 25 公斤的個人裝備，各自依照預定的山隘路線行軍 300-500 公里，在這長達十幾二十天都在外頭餐風露宿的艱苦訓練，部隊得結合想定去演練各種狀況，幹部也得透過小伎倆不斷地去鼓舞官兵士氣，讓這種累人的行軍訓練不會感覺枯燥乏味。雖然過程的艱辛程度在當前國軍的部隊中已屬罕見，卻也是特指部官兵們退伍之後最常聊天的話題。在這段訓練期間，良丰也再度感受到空特幹部的領導哲學，那是一種傳承自傘兵優良軍風的身先士卒，以往只會

在電視/電影或書中出現的畫面與形容詞，在這一支部隊裡卻都是活生生的現況。現在，他終於知道為什麼《諾曼第大空降》影集中，那種"今日誰與我共患難，他就是我兄弟"、"我們是傘兵，本來就是該被包圍"…的經典台詞，其實在自己的連隊日常就可以發現。

2018年的「漢光演習」，特戰3營又接獲操演的科目，這一次不是要像以往在昌隆農場跳傘，而是轉移到台中的清泉崗基地，雖然場域較先前的大、又單純許多，但是受到風的因素影響卻更大，而傘兵最大的天敵就是風；任何瞬間改變的風向與風速，都會讓這種不具備多大操縱功能的T-10系列傘具吃不消。而特指部麾下的特戰單位，歷年來都是在「聯合反空/機降演練」科目中擔任「假想敵」（OPFOR）的角色，那些穿著特殊迷彩服裝、戴著紅頭盔布、配戴紅色臂章、名條的「攻擊軍」，從一開始就是媒體注目的焦點之一；也就是說，這個場開不好，後面的戲就沒得演！

演習時照例會先實施預演，那一天也是良丰人生中的第11次跳傘，他不再感覺到新奇或緊張，只是想依命令完成任務而沒做他想。當C-130運輸機飛抵預定的空降區域，跳傘的綠燈亮起後，特戰部隊的官兵依波次陸續跳出機門，但就在良丰跳出機門後不久，發現原本4秒內得張開吃風的主傘卻張傘不完全，雖當下有意識到不對勁，扎實的訓練也讓他直覺性地拉開了副傘，但副傘也因主傘的阻礙導致吃風不足，成菸捲狀無法完全張開，主、副傘更產生致命的互相纏繞情況（傘兵圈內俗稱的"一條龍"），良丰的身體也遭到傘繩纏繞而成近橫躺狀。由於演習職

務是擔任 60 砲迫砲兵的他，所要攜帶的武器有 19 公斤，若加上傘具及個人裝備的重量，全身共背負超過 42 公斤的武器裝備，這在空中想怎麼靈活其實都很難，而他就這樣在當時主持預檢的各級官員們眼前高速橫著墜地。在現今人人都有手機、個個都能成為網紅／直播主的社會氛圍下，這種墜落的畫面沒多久就在新聞報導中不斷被重複出現，成為連續幾天最火熱的新聞話題。

雖然清泉崗機場的場域範圍較大，對於傘兵在空降行動上的著陸壓力的確會緩和一些，但其地勢較高（海拔約 700 呎），受風勢、氣流影響的因素反而增加，風向／風速一直都是傘兵最大的天敵。碰巧良丰墜落的位置是處於基地內的草叢區，多少吸收了下墜時的龐大衝擊力，如果當天是落在跑道或水泥地上，那很可能當場就回天乏術了。當時建制單位內的醫務組長朱世民中尉第一個趕到現場，他見當時的秦兵呈現右側躺姿，嘴巴吐血，雖然有脈搏反應、但是很微弱，立即卸除了秦兵身上繁重的傘具和裝備，趕緊做 CPR 急救、圍上頸圈、建立靜脈注射管線…。

另外在警戒區外待命、同為演習醫療支援單位的童綜合醫院急診醫學部的鄭閔瑋醫師，聞訊也立刻趕至意外現場加入急救的行列。鄭閔瑋醫師抵達後，經驗研判秦有張力性氣胸，所以立即在胸腔進行紮針減壓並施以 CPR 心臟按摩，對患者進行「高級外傷救命術」（循「呼吸道及頸部保護」、「維持呼吸及通氣」、「循環及出血控制」、「意識狀態及神經學檢查」、「全身檢查及環境控制」，也就是所謂的 A、B、C、

D、E順序逐一評估）以穩定傷勢。一路上他們就這樣在搖晃的救護車內不斷為秦兵加強肺部通氣，減少腦部缺氧的情形（畢竟腦部缺氧會造成腦細胞損傷，一旦缺氧 4-6 分鐘就有可能造成腦死，即便救回一命，但之後變成為植物人的可能性也極高）。

救護車用最快的速度奔回醫院急診室欲進行搶救，當時他的昏迷指數一度僅有 3 分，誰能體會那種從台北 101 的高度墜落、被高鐵般的速度撞擊後的感受，真不知道當時躺在車上的他，如果真有"靈魂出竅"，那他當時是在想什麼呢？……

秦兵抵達急診部後，由航空醫療救援中心執行長盧立華接手繼續搶救，才從心肺停止、瞳孔放大的狀態到恢復自主呼吸與心跳，再經過全身電腦斷層檢查與一系列急救流程，才讓秦良丰的張力性氣血胸、出血性休克與神經性休克等危急到生命的狀況逐漸改善，生命跡象也逐漸趨於穩定，昏迷指數也由最初的 3 分上升到 7 分，最後送往加護病房以低溫療法進行治療。事發的第一個夜晚，也是所有人最感到難熬的一晚；當時擔任演習反擊任務的裝甲第 586 旅，旅長溫學聖少將基於演習責任區階段性任務的道義責任，指示政戰主任為遠來支援演習的特指部全力提供協助，除了由該旅派出 2 名女士官陪同情緒幾近崩潰的秦媽外，兩位政戰主任（李孟剛、許紋豪上校）更是在氣氛詭異的病房外守了最漫長的一夜…畢竟，情況會有什麼樣的變化，連醫師們也都無法說得準……

即便全國都關注這一個大新聞，軍方高層與社會各界的探視與慰問不斷，但是在這一段住院期間，根據良丰事後訪談時表示："基本上他那時的身體是屬於意識混亂的狀態"！焦急不安的秦爸、秦媽雖然全程在醫院陪同，但他們尚無法交談。雖然他們說良丰對一些談話會開始有一些反應，如眨眼、流淚、發出氣音…等感到欣慰，但良丰回憶起這一段時間的種種反應，卻幾乎是完全沒有印象…。

當良丰仍在加護病房期間，外界對於陸軍的傘具、摺傘、訓練…又再度提出廣泛的質疑，雖然「空訓中心」指揮官方裕原上校也在記者會中說明整個事件的狀況，國防部也為此特地邀集媒體赴屏東的「空訓中心」，實地觀看傘兵的訓練過程（包括五大科目的跳台側滾、機身訓練、擺盪著陸、高塔訓練、吊架訓練…等），以及摺傘的「標準作業程序」（SOP），了解整傘作業的六大流程（「鋪傘」、「平摺」、「長、曲摺」、「盤結吊繩」、「封閉外包」及「整理引張帶、套帶及簽名」）。為了確保傘具的安全無虞，每位摺傘員還需實施「自摺自跳」的考驗；也就是傘兵在實施空跳前第一波跳出的「試風」人員，他們背著隨機抽樣的降落傘得先行躍出機門，在降落期間不得操傘（除非緊急狀況），以測試實際風速、風向的數據，並回報給空中的運輸機以利修正航向。如此高危險性的任務，都是保傘連弟兄擁有的絕佳技術與經驗才能勝任，而且是對自己的工作（摺傘）用生命負責任的保證，這也是其他部隊中絕無僅有的態度。隨後記者團更至屏東潮州空降場，直接觀看傘教組教官帶隊示範跳傘的整個過程，以消弭國人對於傘兵訓練與傘具的疑慮。

而母體單位也沒有為此而中斷演習的操演任務,就在意外發生的20天後,也就是6月7日的正式演習當天,由特戰指揮部指揮官張宗才少將(美國突擊兵學校結訓、後來曾擔任陸軍指參學院院長)親率約200名特戰官兵,成功在清泉崗機場的天空佈滿了傘花,這一幅彷彿是漫天蒲公英的畫面,對於尚躺在醫院的秦良丰而言,應該就是特戰部隊同袍送給他最好的禮物吧!

"忠義驃悍,勇猛頑強"唯我傘兵!(Photo/ 特指部)

擊敗「超人」的傘兵

在童綜合醫院的院內救治期間，經主治神經外科金若屏醫師與其他各科醫療團隊的不斷努力，還有護理人員們的細心照料，還有上至三軍統帥的蔡英文總統、國防部長、參謀總長…等部隊長官不斷前來慰問，社會各界也紛紛給予集氣&鼓勵，良丰終於有了堪稱是醫學界的「奇蹟」轉變，擺脫生命危險的驚險階段。然而戴著呼吸器，面對長官前來關心問候，他依然努力表達出自己想要盡速返回部隊的心願，並擠出當時全身僅有的氣息，向來探視他的同袍說～"我不要躺在床上當廢人！"面對這樣震撼與感動的畫面，不知道還有誰能扛得住、情緒不崩潰而感動落淚的呢？幾年前，我在撰寫《鋼鐵傳奇：德意志傘兵》時，曾經蒐集到德國「第2傘兵師」中埃里希・萊普科夫斯基（Erich Lepkowski）少尉[1]的感人故事；他的座右銘-"永不放棄"（Niemalsaufgeben），後來也成為他回憶錄的書名。沒想到在現實生活中，我也真正見識到同樣具有鋼鐵意志的傘兵；他歷經九死一生、幾乎

---

[1] 他冒險入敵軍後方去營救上百名即將被法國反抗軍處決的戰友，再返回布雷斯特（Brest）包圍圈內與友軍繼續跟美軍死戰，後來傷重昏迷一度被推定為死亡，幾日後經軍醫的搭救，並成為戰俘後轉送至美國救治，隨後於1962年再度加入西德聯邦國防軍的傘兵部隊，並創下多次跳傘的新紀錄；堪稱是德國傘兵界中的傳奇人物之一。

摔成全身癱瘓後，還心繫著部隊的同袍，一心只想回到單位繼續執行任務，常人能不佩服嗎？

在台中童綜合醫院的院內待了 40 天，良丰靠著強韌的生命力及意志力，奇蹟般甦醒與好轉，甚至到了第五週時已經可以做到抬頭、點頭等簡易的動作，醫院的呼吸治療師也開始訓練他自主呼吸，最後也順利地移除了氣切管，達到有自主呼吸的能力。但是醫療專業人員所最擔憂的是高空急速墜落所造成高位頸椎脊髓的損傷；如果脊髓的傷害會在運動或知覺功能上造成不同程度的消退，因為以醫學的前例，頸椎第 2 節受損的患者在頸部以下幾乎都是終生癱瘓，說穿了大家都擔心他在未來是否會因此就癱瘓。由於身體的整體情況趨於穩定，未來的復健才是重點，後經院方評估，而家屬也同意，因此才將他轉至台北三軍總醫院進行後續的療程與復健工作。良丰在離開童綜合醫院時，除了已經能夠微笑、點頭外，甚至還用氣音向醫師們道謝；但當時他對於相關事情的記憶仍然極為有限，基本上腦子還是屬於"斷片"的狀態；最好的例證就是他或許知道「爸爸」、「媽媽」這些名詞，但是即便當時秦爸、秦媽站在病床前看他，良丰也不知道他們是誰啊！

轉院至台北由三軍總醫院接手後，照護的重點已經轉移至後續的療程與復健工作，當時的三軍總醫院院長，也是後來擔任軍醫局局長的蔡建松中將，針對這一個全國人關注的傘兵弟兄，特別召集了院內各科跨團隊的醫療人員，包含神經外科、胸腔科、復健科、中醫科等相關科別，把握住最寶貴的復健治療黃金期，讓這位中心型高位脊髓損傷的國軍弟

兄得到最妥善的醫療照顧。在事發將近 90 天時，良丰終於能順利地轉出加護病房了，但漫長的復健之路才正要開始！雖然早在加護病房期間，良丰就開始接受床邊的復健治療，配合高壓氧及中醫的針灸，加速恢復已受損的中樞神經。但是看過太多脊髓損傷的病人，復健之路並非都能堅持到底，即便他們的意識都還是清醒，只是身體不聽使喚，然而在復健期間通常都會充滿著疼痛與挫折感，久而久之病人的心態就會轉為無奈與絕望，最後乾脆就放棄了。要不是醫生們親眼所見良丰堅毅的心理素質，否則斷難相信爾後他的復健之路會有這樣良好的成果。

在病床上整整躺了 3 個月，又經過一個月的調適，良丰開始在傾斜床上試著進行復健；當時他的內心第一次有了奇妙的感覺，因為他再次看到的世界是立體呈現，而不再是數個月來只能平躺所見的天花板。不過也由於身體狀況逐漸恢復，他的思緒也開始慢慢有了反應，他直言多次在半夢半醒之間，看到自己從空中墜落的畫面浮現腦海，也不諱言地直說每天都在哭泣，因為他知道自己實況後的那種恐懼、害怕；讓他對於未來更沒了把握⋯⋯。該說這是知覺恢復後的副作用嗎？

復健的第一個階段是傾斜床，一個多月從 85°、80° 的角度逐漸進步。第二階段開始學習站立，每天由看護人員用輪椅推他去復健科，這對他而言是另一個復健的里程碑，因為他光要起身就得有數名看護撐住他，即使他當時的身軀已經較先前消瘦超過十公斤。看著良丰為了這常人簡單地起身動作就汗如雨下，這也是久臥造成腿部肌肉功能萎縮的後遺症，臉部因用力所呈現出的猙獰表情更是當時日常，但良丰還是咬著

牙克服了。接著他開始運用學步車，讓他的下肢逐漸可以適應自身的重量，這種輔具就一直陪伴著他好幾年，即便到目前為止。雖然他心裡難過，但卻從不抱怨，也沒放棄想盡早恢復昔日模樣的想法。後續復健項目還有職能治療，包括運用桌上型水平轉輪運動儀、桌上型滑輪肩部訓練器、爬升架訓練、手部靈活度訓練、手部腳踏車訓練、手腳四肢訓練器、手部滑車訓練等器材；而在物理治療上，也有四肢伸展訓練、腳踏車運動訓練器、下肢重量訓練等菜單。當復健遇到瓶頸時，院方也會藉由精準的肌肉電刺激導引技術，針對局部的上／下肢特定的高張力肌肉群，改善中樞神經損傷最常發生的痙攣性肌張力過高產生的併發症，增進後續復健的效果。

　　他對於復健的主動、積極態度超乎常人，這也是讓醫師們感到敬佩的地方，畢竟在復健的漫長過程中，職能治療師有時需要具備與家長完全迥異的"鐵石心腸"，因為一般病人會在復健過程中的不適或疼痛，讓協助的家人感到難過或不捨，因而暫緩或中止病人在復健時的動作，導致復健成效多受影響。但是秦良丰的案例卻恰恰相反，他要求多做，甚至連醫師都會怕他太累而得強制喊卡才行！在這一段期間不只是對他的煎熬，對他親愛的家人也是一種身心上的折磨，從開始看著他與死神搏鬥，到現在每日的復健又得看著他承受每動一下的皮肉痛楚，如果不是為人父母者，應該無法體會。

　　在訪談中才得知，良丰對於復健的過程並不是最感痛苦，或許因為他的觸覺回饋較不明顯，只是覺得做任何動作都很吃力罷了。最令他

感到痛楚不堪的，其實是因為脊髓損傷無法自行排尿而需長期置放導尿管，這種「恥骨上膀胱造廔」在每個月更換管路時，疼痛的程度幾乎讓他無法承受。也可能是因為抵抗力已大不如前，因此屢屢在更換完管路後傷口都會受到感染，導致發燒等不適的症狀會持續數日，進而影響復健課程才是讓他更在意。不過在三軍總醫院這一段期間良丰的情況已經有了大幅的改善，意識與智力也有顯著的恢復，所以才會陸續向外界表達想盡早回部隊、想再跳傘…的意願。

在三總超過半年多的時間，經院內 20 個專業醫療團隊的縝密治療與復健計畫，良丰也陸續移除了人工氣切管、鼻胃管、導尿管，朝下另一個階段邁進。連當時的院長都直呼："良丰的復健強度絕對不輸給他在特戰的訓練，是少見的案例，也是相當好的醫學教案。" 也由於職能及物理復健配合得宜，當時良丰的上肢功能已恢復到能夠將肩關節抬高超過 30°了，能夠順利地以右手進食、操作手機觸控螢幕及簡單寫字；同時雙腳及軀幹的肌力訓練也大有進展，能在助步車輔助下步行約 100 公尺，也能自行滑輪椅及在家人攙扶下行走。於是在 2019 年 3 月初經評估後得以轉院，後續的復健療程將在國軍高雄總醫院持續下去。良丰出三總收到的另外一份禮物，是他的軍階已從上兵晉升為下士，讓大家見識到國軍堅忍不拔的模範！

回到離家更近的鳳山國軍高雄總醫院，日復一日枯燥無趣的復健課程仍持續著，然而才經過 2 個月高強度的復健治療，在意外事件受傷滿週年時，原本功能重損的雙側上下肌力已恢復 4/5，並且在不需要看護

協助下,已經能夠自行使用助步車練習走路,倚靠自己的上肢維持站立2分鐘以上。他也曾將本身事發接受復健的心路歷程,打成一篇名為「不能輸給自己」的短文,文內述說著"復健真的是一條很辛苦又漫長的道路,在這段日子裡,每天一張開眼睛,一成不變的生活又開始……這種生活不知道,不知道終點究竟在哪?不知道距離終點到底還有多遠?甚至不知道有沒有終點?"

相隔一個多月後的10月下旬,原建制的特戰3營奉令執行「戰術任務行軍」訓練,而坐著輪椅出現在行軍路線上的秦良丰成為神秘嘉賓,在背負沉重背包與裝備行軍的同袍,見到昔日這位鋼鐵意志的傘兵同袍在路邊加油,弟兄姊妹們除了驚喜之外,也讓部隊的士氣大振。

由於神經自我修復需要花費較長的時間,院方在他住院期間也借助各種藥物與營養,希望能輔助提高良丰受損的神經功能自我修復能力。也因為後續COVID-19全球疫情大爆發的影響,醫院在配合政府政策的諸多管制,讓他有更多的時間沉澱自己的想法,對於身體的情況要再回到特戰部隊服役實有難度,也不再堅持這樣的想法,便慢慢地調整自己的心態,想試著找出人生後半場還能對社會有所貢獻的方式。這個時候他聯想到那一位不被命運擊倒的勇者,也是一直在國軍松山分院擔任志工的「輪椅巨人」-祁六新老師。祁老師當時得知良丰的狀況後,在三總進行後續復健時也熱情地託人送了一本他的書~《活著真好:輪椅巨人祁六新》,希望以自身過來人的經歷來給他鼓勵。

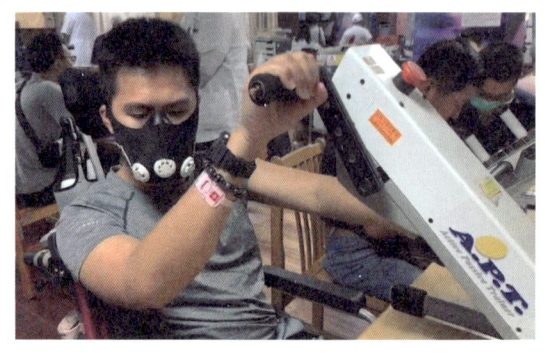

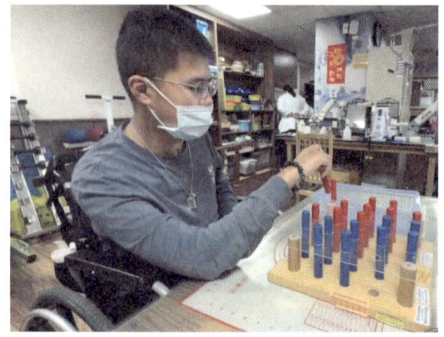

左｜超乎常人的自我要求，在復健期間良丰甚至為了訓練肺部力量，自行配戴高空訓練用的口罩。（Photo/ 秦天人提供）

右｜以圓柱插洞板訓練手眼功能協調，對良丰而言光是要到達這一個階段，已經是事發 2 年後的事。（Photo/ 秦天人提供）

　　由於他的意外事件導致國人對於傘兵危險性的關注，加速了「國軍空降特戰勤務加給」的推動，讓服勤的傘兵弟兄姊妹們能在現行的勤務加給上，於高空跳傘各階提升 4,400 元；一般跳傘各階提升 4,000 元（調整後軍官為 7,200 元、士官 6,700 元、士兵 6,200 元）。此舉就是希望特指部所屬的官兵，能在風險與薪資上取得更好的平衡。此外，國防部為因應從 2024 年起義務役恢復成一年的役期，為吸引義務役士兵也能加入高強度訓練的空降特戰部隊，以補充主戰部隊人力吃緊的編現比狀況，因此針對新的義務役男也祭出相關的加給辦法，例如到空投部隊服務的士兵則加給 2,200 元、空降部隊 6,200 元、「高空排」則為 10,800 元、「特種勤務中隊」則為 29,500 元。

　　待在國軍高雄總醫院的日子裡，良丰並沒有閒著，每天都有安排復

第一章
忠義驃悍的鋼鐵傘兵

健課程要上，例如手指的精細度訓練課目中，這種類似將金魚模型放回格子定位的簡單動作，對良丰而言卻得練習 2 年；更持續精進練習用手握筆寫字、用筷子夾物⋯。到了 2022 年的年底，由於先前疫情的國境封閉與諸多生活上的管制，讓他得以降低外界的訪視干擾而全心全意投入在復健當中，到了那一年良丰的復健狀況已經能翻身、說話、寫字、自己用手進食、使用手機觸控打字、滑動輪椅，甚至還能靠著外骨骼輔助器材練習走路，倚靠四腳枴杖短距離緩步行走，甚至運用助行器繞著醫院走一圈（約 45 分鐘），強韌的表現幾乎讓醫生難以判斷他的復健程度，因為他的案例真的很不尋常！

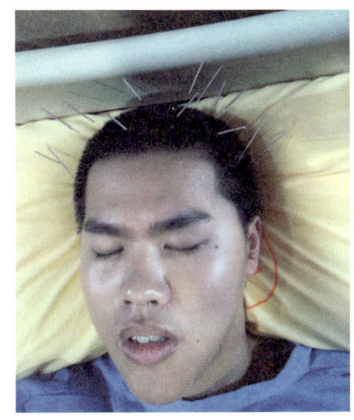

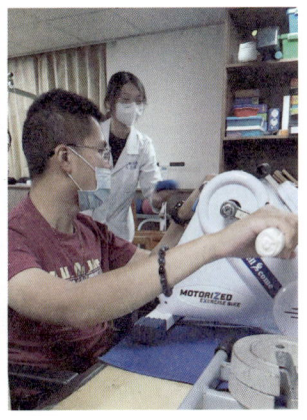

左｜在復健治療期間，為加速恢復受損的中樞神經，也包括中醫的針灸療程。（Photo/ 秦天人提供）

中｜在職能治療室實施爬升架項目復健的良丰，旨在訓練他上肢手臂力量的動作要同步，不要一高一低。（Photo/ 秦天人提供）

右｜由於醫護人員的細心照料，在復健室中良丰總是最積極在從事復健的病人。（Photo/ 黃竣民攝）

這段長達 2-3 年的疫情期間，大家對他的關心程度也沒斷過，社會熱心人士除了持續鼓勵他以外，也收到不少勵志的書籍，許多都是作者以親身不放棄的人生經歷，想讓良丰知道他也可以做得到。但是後來秦爸發現到這樣的狀況不對勁，因為一開始大家都把重心放在肢體上，後來才發現良丰那時因頭部也受傷所併發出的後遺症，不僅僅頸椎而影響到四肢的正常功能，頭部的強力撞擊也失去大部分腦海中的記憶。良丰當時的腦部智力與記憶系統根本尚未恢復，也就是說他的閱讀能力有障礙，許多的基本字彙根本就不記得，或者是即便能認得的字，也已經不知道該如何寫了。於是如何加強他的語言治療與記憶連結，也成了原先復健課程以外的重點項目，看護每天也陪著他從簡單的書籍閱讀起，慢慢讓他想起以前所學過的字，協助他恢復言語與文字表達的能力。

當告別疫情，社會開始要恢復到正常的生活後，原建制的特戰 3 營特別在他卅歲生日當天，邀請他回到單位一同參與當月份的慶生活動，看看昔日與他朝夕相處的同袍，並接受大家對他生日的祝福，也呈現這幾年來他歷經艱辛的復健成果。這一場慶生會很特別，連航特部指揮官張台松中將、特指部指揮官邱之峰少將也到場祝賀，場面令他真的感慨萬千。這麼多年了，部隊並沒有忘記他這一位成員，儘管單位主官都已經輪調幾輪了，然而對他的關懷依然沒有改變，甚至連隊還保留寢室與桌椅書櫃，試著激勵他持續復健的動力。當天營上官兵們的慶生海報寫著～「三十而立，永不放棄！」或許就是對他最好的鼓勵！

第一章　忠義驃悍的鋼鐵傘兵

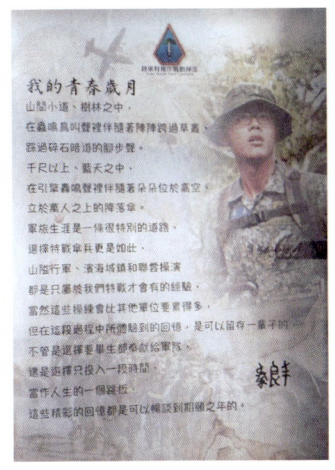

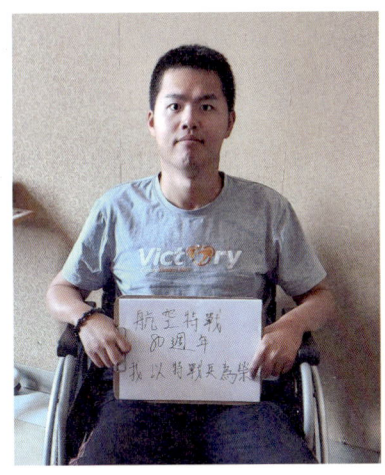

左｜在之前良丰的字裡行間，不難看出他對於身為特戰部隊的一員有多驕傲，這也是他努力復健的動力之一。（Photo/ 秦天人提供）

中｜2024 年在「陸軍航空特戰指揮部」成立 80 週年之際，雖然良丰的腦部對於文字的記憶尚未完全恢復，卻仍努力親手緩慢地寫下對於單位的祝賀，已經可以看到他充滿自信的表情。（Photo/ 特指部提供）

右｜即便身分已經退伍，良丰對於復健的課程依舊努力不懈。（Photo/ 秦天人提供）

　　2024 年已經是良丰發生意外事故的第 6 年，看著他辛勤地從事物理與職能復健，也已經能夠在旁人的協助下克服協調障礙，在平地步行數十公尺，不用拐杖獨立下樓梯，表達與交談趨於正常，記憶也有了顯著的恢復，細部的肢體動作也大有進步，甚至會在醫院對面的衛武營公園復健，看到這些畫面著實為他感到高興。在訪談期間，看到良丰燦爛的笑容與對答如流，相信這一位曾經的陽光大男孩已經回來了！他也希望將來有機會也能跟「輪椅巨人」的祁六新老師一樣，在醫院裡擔任志工，將自己復健過程的種種故事和大家分享，藉以鼓勵同為脊椎神經損傷的病人千萬不要放棄，要勇於接受復健。

美國好萊塢飾演第三代《超人》（Superman）電影的明星；同樣也是因為意外而導致全身癱瘓的克里斯多福・李維（Christopher D'Olier Reeve），他在脊椎嚴重受傷後大力投身於社會公益，並經常舉辦巡迴演講。良丰的情況甚至比他還淒慘，卻有著令醫生們都不敢置信的復原情況，甚至可以站立與行走，全世界恐難找到相似的案例。國內這一位不願意被脊髓重創所打敗的「鋼鐵傘兵」、「傘兵超人」，在醫學上已經擊敗「超人」了！

就在意外事件的6年後，良丰終於在2024年的8月底接獲退伍通知，可以光榮退伍了。在9/3軍人節回到建制單位領取退伍令的那一天，良丰特地換上軍服出席，因為他堅持要保持特戰有始有終的精神，不想用病人的身分退伍，也為他的軍旅生涯沒有留下遺憾。未來他將以本身曲折的人生與獨特的經歷，在軍醫院裡協助有需要幫助的官兵，以更積極正向的態度面對軍中交付的各種挑戰！

2024年9月秦良丰回到建制的連隊領取退伍令，同袍們歡送他光榮退伍，也正式宣告他的人生進入了另一個階段。（Photo/ 秦天人提供）

從不幸的意外事發到有了圓滿落幕，也才讓航特部張台松指揮官真正卸下內心最沉甸甸的重擔。要知道在這 6 年期間，儘管航特部的各級主官／管因職務而有所調動，但對於良丰的關照也都不曾有間斷過，只因為大家都領到了"他是我們弟兄"的交接事項，這也是讓秦家人倍感安慰之處。

（附表 - 歷年來各級主官／管姓名）

	航空特戰指揮部	特戰指揮部	營部	連隊
主官	何啟鎮、張台松	張宗才、郭俊德、邱之峯	古瑞彬、廖展聖、吳俊賢、蕭俊文、盧彥佑、	薛仟煌、梁振愷、古瑞恆、薛仟煌、王佳弘、黃耀宗
政戰主管	武立文、樓偉傑、張維新、王俊傑、唐明德、王信為	許紋豪、張博彥、黃錢龍、韓順操、蔣壽康	黃彥博、黃柏喬、王俊淵、林柏潤、林佳緯、林峻逸	莊泓翔、杜頌元、彭佳慧、黃明峰、黃羿嘉、魏筠泰

良丰雖然已經退伍，但是他的艱辛復健路程卻還沒結束，他也知道未來漫長的復健路程上並不孤單，因為所有特戰部隊的弟兄，還是會代代的繼續傳遞下去，永遠陪在良丰旁邊支持他，因為，「永遠不會放棄任何一位兄弟」是空降特戰部隊所有官兵們最堅信的精神信念，而這句話將會一直在所有曾經在空降特戰部服務過的官兵心中永不磨滅，所以良丰也會繼續勇敢的走下去，因為他也以身為空降特戰部隊的一員為榮。

要了解為什麼空降特戰部隊，會有那麼深厚的部隊革命情感，還有那麼堅強的戰力和「勇猛剽悍」永不屈服的戰鬥意志，我們就必須從這支部隊建軍一開始時的時代背景，以及初期訓練期間的艱辛，與一成立後就立下的光榮戰績開始敘述，這支部隊甚至還奉令擔任二次大戰中國戰區，我國在南京接受日本投降時的典禮現場警衛部隊的榮耀，來台後，歷經多次整編成為現在的航特部隊，這些完整的建軍歷史，以下我們將從第二篇開始一一的詳細向各位讀者介紹。

看朵朵的白雲飄蕩在美麗晴空，中華民國的傘兵正式邁入 80 年。(Photo/ 空訓中心)

第二章

從烽火中創立與艱辛的長成

- 草創階段,見證中美友誼
- 開平首戰,初試啼聲;三戰連捷,奠定基礎
- 兄弟鬩牆、國共分家
- 「向上3哩、向下3哩」,「托科亞人」的崛起

草創階段，見證中美友誼

　　雖然德國並非是最早組建傘兵的國家，但在二戰初期德國傘兵屢建奇功，更為其後來贏得「綠色惡魔」（Green Devils）的稱號，這一種新興的兵種也立刻讓許多軍事強國嗅到潮流所在，於是紛紛著手建立同樣的部隊。連當時同為軸心國陣營的日本也想依樣畫葫蘆，也成立了兩支傘兵部隊（陸軍航空兵和海軍陸戰隊各自成立），不過換來的卻是畫虎不成反類犬的下場；不僅兵員素質差、軍事理論舊、訓練與裝備更是落後，非但無法與當代的一級軍事強國分庭抗禮，更淪為一連串二戰戰爭史上的鬧劇。

　　雖然我國在對日抗戰時早已焦頭爛額，卻仍然有些軍方人員對於新兵種與戰術有興趣，但要將這種想法付諸行動，在當時艱困的作戰環境下的確有些不切實際。儘管在 1942 年時，擔任空軍入伍生總隊長的勞聲寰[1]，可是當時中國少見具有陸、空雙領域的專才。在抗戰初期，日軍的零式戰鬥機在中國領空幾乎是橫著飛，日機飛行員甚至曾囂張到將戰鬥機降落在四川成都的簇橋機場，打開機關槍任意掃射一頓後，再滑行升空拂袖而去的離譜案例[2]。後來由他訓練的地面防空部隊，則編組

1　隨後擔任第 45 師師長參加古寧頭戰役，其特殊的空軍背景，讓空軍執行「阻絕作戰」取代「密接支援作戰」，為古寧頭大捷的背後做出卓越貢獻。
2　此案令層峰羞憤不已，旋即通令全國，再有類案而未能將該敵機擊落者，則機場防空指揮官一律槍決處置！

在筧橋機場首度打下日本號稱是「空中死神」的零式戰鬥機而蔚為美談，事後連美國及蘇俄都來索取該機的資料。

勞聲寰就曾提議應該將飛行淘汰之學生改學習跳傘，作為組建傘兵部隊的試驗，後來雖然也獲得了一些支持。然而實際上能搬上檯面的都只是紙上談兵，讓學生在機場跑跑龍套，演練傘兵占領機場向成都進攻⋯等對抗演習，距離真正的空降部隊根本還差得遠呢！充其量只能說，讓更多人理解到運用傘兵執行垂直作戰之嚆矢，畢竟，連美國這種大國，也是當年才成立傘兵部隊啊！

左｜勞聲寰將軍堪稱是早期國內組建傘兵的倡議者，也是當時國內少數具備地、空双領域的作戰專家。（Photo/ALT）
中｜第5軍的外籍軍官斯圖爾特少校，對於中國傘兵的萌芽貢獻不少心力，在「突擊總隊」成立後，還擔任其中的隊長一職。（Photo/insigne.org）
右｜以「鴻翔部隊」為其代號的「傘兵第1團」，是當時國軍中罕見不用部隊番號的神秘單位。（Photo/ 王清正提供）

由於日本偷襲珍珠港，讓美國羅斯福總統意識到對外情蒐能力的不足，於是他在1942年6月13日下令成立了「戰略情報局」（Office of Strategic Services, OSS），開始大力開展與盟國之間的戰時情報作業。主持這一個新部門的威廉・唐諾文（William J. Donovan）將軍，將其下設了幾個主要分支機構，包括：秘密情報部門、特別行動部門（Special Operations）、作戰組（Operational Groups）、心理戰活動部門（Morale Operations）、反間諜部門（X-2）等。其中所建立的特種部隊分支，明顯就是模仿英國突擊隊（Commando）的概念，旨在增加敵人的痛苦並削弱他們的抵抗意志。其中很多的工作就是派遣軍官進入軸心國佔領區（希臘、南斯拉夫、挪威、法國、中國⋯等），秘密訓練並武裝當地人士進行抵抗、破壞活動。隨著戰爭的進展，以戴笠為首長的軍統局於1943年開始與梅樂斯上校所代表的美國海軍合作，成立了「中美合作所」（Sino-American Cooperative Organization, SACO）以交流情報共同對抗日本，因此我國的特種作戰與日後的傘兵才有將概念逐漸轉變成實體的機會；或者該說跳傘也是進行特種作戰的一種敵後滲透模式，美國最初能夠協訓的資源有限，從著手訓練傘兵再將其轉為特戰運用也是個開端。爾後根據「中美合作所」的協議，從1943年起陸續建立了十多個訓練營，為在日軍後方從事敵後游擊的特種作戰。

　　羅斯福總統在1943年3月10日命令成立「第14航空隊」，陳納德（Claire Lee Chennault）將軍被任命為指揮官，加速進行與日本爭奪「中、緬、印戰區」（CBI）的制空權。而之前經過訓練的美國空降師

在1943年7月時首度在西西里島登台首戰,雖然英、美傘兵的聯合部隊,在此戰以人員傷亡佔了總空降人數的15%收場,此戰也暴露出很多空降作戰上的缺失,但可喜的是盟軍高層卻沒有像納粹德國在「克里特島戰役」(Battle of Crete)後,希特勒對於傘兵部隊的態度就那樣棄之如敝屣,反而抱持著更正面與積極的態度,加大力度在這一種新興的部隊上。所以,兩個陣營的傘兵在戰爭後期的發展就漸行漸遠,美軍的傘兵反而在彎道超車,在戰後更是取代了德國「綠色惡魔」的光環!

後來在「中國遠征軍」裡的外籍部隊中(仰光失守後,英屬殖民地部隊的殘部約300人投靠),斯圖爾特(Gilbert Stuart)[3]少校根據美軍在昆明周邊幾座機場防備不足的現狀,提出了組建一支傘兵突擊隊來防備日軍進犯的建議,並很快就擬定了一份詳細的計畫書,分呈給陳納德與駐昆明的第5集團軍司令杜聿明。此案經過部分的修改後上呈到最高統帥蔣委員長桌上;而陳納德也同時向盟軍駐中國戰區參謀長的史迪威(Joseph Warren Stilwell)將軍提出了應該要協助中國成立傘兵部隊的請求。雖於蔣介石在1943年的10月22日批准了該建議,但這個建議案交到史迪威那裡卻被潑了一盆冷水,原因是史迪威認為當時的國軍並不具備成立傘兵部隊的條件;不管是裝備、教官、準則,甚至是運輸機⋯

---

3 澳洲採礦工程師吉爾伯特・斯圖爾特原在香港工作,後來加入遊擊隊抗日,輾轉到緬甸併入「中國遠征軍」,並被授予正式的軍階,甚至成為戰爭末期成立的突擊總隊中的外籍隊長。

根本樣樣都缺，因此掌握著美援物資生殺大權的史迪威，對這項組建傘兵提議的反應是異常冷淡。即便如此，陳納德與斯圖爾特這兩位外國盟友仍然為此四處奔走，為了解決這一長串的窒礙因素，他們只好使出一切的手段連哄帶騙，總算勉強先呼弄出一支有名無實的"傘兵"部隊。

由於第5軍自1942年入緬作戰已經過一年多的激戰，兵力與戰力耗損嚴重，因此在美國顧問的建議下，高層決定將該軍所屬部隊進行編裝重組，於是在1943年1月搖身一變成為第5集團軍，以便接收後續運抵的美械裝備。而此時陸軍的「傘兵第1團」便於1944年1月1日正式在雲南昆明市北郊的崗頭村成立；儘管已經掛了牌，但由李漢萍將軍所指揮的傘兵團，初期只是少數由軍、士官幹部組成的勤務連與特務連，實際團內戰鬥部隊的兵力還得派遣幹部前往衡陽、桂林、柳州、貴陽等地去招募新血，實際上仍然是一支"空殼部隊"。雖然這支部隊的名義上是直屬於軍政部，但實際各項日常的作業維持都由第5集團軍負責，因此實質上歸第5集團軍作戰管制，而且單位初期幾乎是有編無裝，更別遑論是要實際空跳了！當時基於保密的考量，因此暫無賦予其部隊番號，而是以「鴻翔部隊」為其代號。

在美軍的大力協助整編下，雖然原第5軍的部隊開始脫胎換骨成為一支新式的美械集團軍，諸如摩托化步兵團、裝甲團…等陸續編成，但談到裝訓中華民國的傘兵團，卻是其中進度較為緩慢的一支。不僅創建初期篳路藍縷，人力資源都得靠自己張羅外，當時的美國雖然已大批軍援中國，然而傘兵團卻苦無獲得新的空降裝備，時下國內亦無前例可

第二章　從烽火中創立與艱辛的長成

循，只能靠自己摸著石頭過河。在組建「傘兵第1團」的第一年，團內的官兵幾乎只能實施體能訓練及基本戰鬥教練以增強體力與戰技外，其實跟一般的步兵部隊根本沒有差別。這種窘境也令不少當初來應徵入伍的青年學子們，在日復一日面對這種漫長枯燥的體能訓練時逐漸失去了興趣，還私下戲謔傘兵根本與陸軍其他的部隊沒什麼兩樣，荒謬的是連降落傘沒碰過、飛機也沒搭過，時間就浪費在不斷的5千公尺跑步⋯等體能戰技訓練上。也難怪連當時的軍政部長陳誠，也對這一支成立一年的"光棍傘兵團"有意見，甚至提議先將其裁撤，並撥補到其他的陸軍師去，待日後美軍提供訓練所需的援助到位後再議。

當時中國大陸受到日本的封鎖，重要的物資幾乎都得經由「駝峰航線」運入中國內地，以維持抗戰的持續力。（Photo/National Archives）

當美國「戰略情報局」因應反軸心國戰事的反攻需要，因此在各戰區均加強對傘兵突擊作戰的支持力道，以配合「戰略情報局」各分遣隊（如「第101分遣隊」）在敵後實施特攻作戰。但這樣的契機並無法推動傘兵的萌芽，因為抗日戰爭進入1942年5月後，號稱是戰時中國最後一條陸上交通線的滇緬公路也遭到日軍給切斷了，日本的佔領和封鎖使盟軍越來越難以向中國運送物資。由於當時國內沒有工業基礎以支持長期的抗日戰事，美國被迫在印度東北部的阿薩姆邦和中國雲南昆明之間開闢了一條轉運戰略物資的空中通道，當時美援的裝備主要還是倚靠「駝峰航線」（The Hump）運送進入中國的大後方，而主宰這些物資分配大權的是當時美國駐中國戰區的參謀長：史迪威。幸運的是，隨著史迪威後來被羅斯福總統撤換，改派魏德邁（Albert Coady Wedemeyer）將軍在1944年10月底接手這一個盟軍中國戰區參謀長及駐中國美軍總指揮官一職後，中華民國傘兵的編裝與訓練作業才算真正躍動了起來；先前遭到史迪威冷落的傘兵組建計畫，不久後便有了另一番生機。

左｜「飛虎將軍」陳納德當時在中國的聲望極高，經常充當中美之間溝通的橋樑角色。（Photo/US Army）

右｜接替史迪威職務的魏德邁，才是中華民國傘兵能順利跨出第一步的重要推手。（Photo/US Army）

由唐諾文主持的「戰略情報局」，在二戰期間對於軸心國敵後的特工破壞行動居功厥偉。（Photo/US Army）

　　魏德邁的到任，不僅催生「阿爾法部隊」（ALPHA Force）[4]，以期望在1944年底對抗日軍發動「一」號作戰對雲南、重慶的進攻外，在將「戰略情報局」作為一個獨立機構納在他的指揮下，行動得遠離受到中國的干涉與影響，也改善了中美合作早期時面對物資匱乏、官僚主義⋯等障礙，而更能發揮出其潛力。1945年1月，蔣介石與「戰略情報局」的局長唐諾文、中國戰區參謀長魏德邁將軍舉行了會議，主要針對空降突擊與敵後特攻作戰的部分提出意見；說白了，就是在與蔣介石及其部屬進行協商，爭取美軍在中國領土上進行類間諜活動的許可。會後決議將要組建一支由20支突擊隊所組成的特種部隊，每支突擊隊約200

4　經蔣介石同意由美軍組訓36個「阿爾法」的師級部隊，佔當時中國軍隊數量的<15%，並以第14師、新22師為首批試驗單位。

人，這也是罕見美軍與國軍混編在一起的部隊；因為「戰略情報局」的作戰小組深信，如果將美軍人員指派與國軍並肩作戰，這樣的突擊隊肯定會比陸軍的正規部隊更有作戰效率。1945年2月，杜聿明會見了美軍駐昆明地面部隊的參謀長麥克魯（Robert B. McClure）少將，並向他提及了剛組建的傘兵團，希望獲得美軍在武器與訓練上的協助；該部則允許美軍運用以做為交換的條件。就這樣，傘兵團這種名不符實的狀態，一直到1945年2月的第一批美軍「戰略情報局」作戰組人員抵達昆明後才有所改變。

其實，最初美國原本的想法是將「傘兵第1團」送出國訓練，但因為人數太多而且資源有限，所以才改在昆明北郊的崗頭村開設傘兵學校。初期，美方人員對中國官兵接受傘訓，以及戰技上的能力還抱持著存疑的態度，畢竟當時的部隊通常連肚子都填不飽（一天只有1餐能吃到米飯，米也是糟糕的品質，只有大約1/4的兵員備身體素質或準備好接受要求嚴格的傘兵和突擊隊訓練），因此美國人得先提供他們一日三餐，裡面有大量的肉和維生素先強健生理狀況。也因此在這種前提之下，還讓美軍人員先言明在先：如果測驗不過就只編5個隊，測驗合格就編20個。當時編組的重擔就落在傘兵團第一營營長井慶爽的肩上，而經過挑選的隊員也沒給國軍丟人，經過美方一周派遣人員對武器裝備、單兵戰技進行一連串的考核與測評後，直到3月底，「傘兵第1團」才通過美方人員的認可，讓美方正式決定幫中國裝備與訓練傘兵部隊。

第二章
從烽火中創立與艱辛的長成

　　為了實現協助國民政府建立傘兵突擊力量的目的，魏德邁將軍於1945年3月派來了一組美軍的傘兵隊伍擔任教學種子，也隨團帶來了中國傘兵部隊急需與夢寐以求的傘兵裝備，並且成立了中美傘兵學校，教官都是從喬治亞州的「班寧堡」（Fort Benning）徵調而來，他們這群號稱"小班寧堡"的教官組，為中國傘兵設計了為期4週的傘訓計畫，建構訓練器材與設施（機身、吊架、滑車、跳台…），開始正規協訓中國的傘兵部隊。訓練的程序主要分成：武器、戰術及跳傘，由於美籍教官的嚴格訓練，當時那些知識水準較低者難以擠入這支單位，這也是為何能入選的人大多數都要懂英文才行，該團的基本素質自然能傲視同時期的部隊。在美軍教授下，傘降技術器材和槍械的運用、登機和離機訓練、乘機方式和空運安全、著陸後的集結以及空降戰術…等，對國軍而言都是耳目一新的科目，但同時他們的表現也讓美軍教官感到相當滿意。

左｜昆明傘兵學校內正在進行吊架訓練的傘兵，這些美國教官們都是從喬治亞州「班寧堡」徵調而來，因此也有"小班寧堡"的外號。（Photo/OSS）

右｜傘兵組建初期的訓練器材缺乏，官兵使用飛機殘骸實施機身訓練。（Photo/OSS）

美國在裝訓中國傘兵的同時，雙方也共同研擬傘兵突擊隊的編制事宜，在考量部隊的戰鬥特性為降落敵軍後方要點，實施突擊、破壞、襲擾，以牽制敵人兵力，協助國軍主力推進，而非空降敵人陣前與其正面決戰，因此經過反覆的演練、測試，才定出了突擊隊的編裝表，顯見「戰略情報局」在這方面的著力很深。畢竟唐諾文局長曾說過："我寧可要一位有勇氣違抗命令的菜鳥排長，也不要一位嚴格卻無法獨立思考和行動的上校。"

所以在中、緬、印戰區，像「戰略情報局」麾下的「第101分遣隊」（Detachment 101）、「第202分遣隊」（Detachment 202）…事後都繳出了亮麗的成績單。該突擊隊由中美官兵混合編成，全隊官兵約180人，美方人員佔1/10，另配有數名口譯人員隨隊，是一支名副其實的中美突擊隊；而斯圖爾特個人後來也擔任其中一支的隊長。此外，根據魏德邁將軍的建議，將「傘兵第1團」改編為「陸軍突擊總隊」，雖然名義上直屬陸軍總司令部，卻仍歸第5集團軍指揮，此一番號在1945年4月8日批准生效，這也就是日後「傘兵節」的由來。

第二章
從烽火中創立與艱辛的長成

美軍的 C-47 型運輸機幾乎是盟軍在二戰個戰場上的空中運輸主力，傘兵的首次空跳與實戰都是搭乘它來實現。（Photo/USAF）

但當美軍顧問熱心教學的同時，才突然發現了一個非常尷尬的處境，那就是中國的傘兵部隊根本沒有運輸機可用，因此，地面訓練徒勞練就的技巧也根本無從檢驗啊！為了改善這樣的窘境，後來還是得租用民間航空公司的運輸機，才能進行訓練中最後階段的空跳訓練，這絕對也是當時的一絕啊！

在經過美方對團內官兵兩個月的刻苦地面訓練後，中華民國第一支傘兵部隊終於在 1945 年 6 月 9 日歡喜迎來第一次的實際空跳訓練。負責培訓的美軍傘訓教官們，從一開始就以身體力行的方式，讓國軍的傘兵種子們見識到何謂"身先士卒"與"跟我來"，主導傘訓的首席教官：

盧修斯 O. 拉克（Lucius O. Rucker）中校[5]帶頭跳出機門。他們乘坐租用的兩架 C-47 型運輸機，從昆明的巫家壩機場起飛，開創了國內傘兵首次空跳訓練的紀錄；原先還擔心昆明的地勢高（海拔約 2,000 公尺），因為空氣稀薄會導致降落傘落下的速度較快，可能不太適合實施跳傘訓練，但事實證明這個考量其實是多餘了。

中國傘兵學員在美軍顧問指導下，在執行第一次指定跳傘前留影，這些顧問多為「戰略情報局」背景的人員。（Photo/US Army）

從成立傘兵團到朵朵傘花能真正在空中綻放，成為所謂"天空中的蒲公英"，已經是一年半以後的事了！當時受訓的學員，得要完成四次實際的空跳訓練才算合格，能夠取得當時非常特殊的傘徽。

5　先前曾在阿爾吉爾（阿爾及利亞的首都）為戰略情報局設立傘訓場，戰後仍在美國「西方公司」任職，在日後空降東山島的「粉碎計畫」背後，也擔任傘兵顧問的角色。

第二章
從烽火中創立與艱辛的長成

左｜從「傘兵第1團」成立到真正能上飛機實施空跳，已經是一年半以後的事了。（Photo/OSS）

右｜在抗戰的末期，美軍人員與國軍部隊聯合抗日，為歷史留下不朽的篇章。（Photo/OSS）

左｜抗戰期間，當時使用美械裝備（鋼盔、卡賓槍⋯）的國軍官兵（左），若與一般穿草鞋的國軍部隊（右）相比，待遇的確是相當令人稱羨。（Photo/US Army）

右｜當時的突擊總隊多為16歲左右的青年學子，在剛完成第一次跳傘的隊員們臉上，仍然可見其難掩稚氣的表情。（Photo/US Army）

轉換成新番號的「陸軍突擊總隊」，經抽調人員補足編制20個隊（前18個為突擊隊，第19、20隊為情報搜索隊）後，經美方建議每5隊編成一個大隊以利指揮管制，因此才有4個大隊部的由來（於8月14日實施）。除此之外，由於素質要求較高，因此淘汰的士兵也較多，原本還想另外成立了兩個補充大隊；不過因為後來抗戰勝利，所以補充第二大隊就沒有成立的必要了。突擊隊（連級）為突擊總隊麾下獨立的戰術單位，編有3個步兵分隊（下轄4個戰鬥小組，每組12人）；砲兵、機槍和工兵分隊各1個，編制人員（含美方人員、翻譯員）共181人。這支部隊使用著美械裝備，從單兵戴的M1G鋼盔、配賦的T-5型降落傘及副傘裝具、到使用的「柯特」（Colt）M1911A1手槍、M1卡賓槍、「湯普森」（Thompson）M1A1衝鋒槍、M1「加蘭德」（Garand）半自動步槍、「白朗寧」（Browning）M2HB重機槍、60mm「巴祖卡」（Bazooka）火箭筒、M2A1-7式噴火器⋯裝備、待遇與士氣特別高。美軍顧問團的人員有300多人，從中校以下通通編配到總隊、大隊和分隊裡共同生活與訓練，幾乎每個班都能見到外國人的臉孔，這在國軍中是非常罕見的單位，而這些美軍對中國傘兵的訓練與要求也非常嚴格，直到1945年7月突擊總隊全體人員才完成了傘訓，隨即開始擔負對日作戰任務。如果說中華民國的傘兵就是美國人這樣手把手給拉拔出來的，一點也不為過啊！

　　儘管當時中國的政治環境無法取得國民政府的全力配合，導致訓練期程多少有所推遲，但是在戰爭結束之前，這預期的20支突擊隊還是

有 6 支完訓（第 1、2、3、4、6 和 7 隊完成三階段的完整訓練，其餘都處於不同的訓練階段），並參與了對日占領區的突襲行動，而這些突擊隊員的骨幹正是國軍中的第一批傘兵部隊！

美軍協訓大量的國軍部隊，為反攻日本佔領區做出重大貢獻。(Photo/FilmFreeway)

開平首戰，初試啼聲；三戰連捷，奠定基礎

相較於 1944 年盟軍在歐洲連戰皆捷，並順利開闢「第二戰場」加速向德國推進，在中國戰場上的戰事卻顯得無法與其相提並論。直到 1945 年整個春天，盟軍在緬甸奮力將日軍擊潰，在中太平洋和西南太平洋的各主要島嶼不斷傳出捷報，隨著日本海上與空中實力的崩潰，日本唯一剩下可以撐的戰力只剩相對完整的地面部隊了。不得不說，國軍在 1945 年春、夏擊潰了日本在中國發起「芷江作戰」的最後大型攻勢，原本的戰役目標是要摧毀美軍在華最後的空軍前沿基地，但激戰之後日軍卻以失敗收場。自此，在中國戰場上的地面戰爭攻守態勢已明確轉變，如果戰爭繼續在中國耗下去，日軍要對付新的中國軍隊將日益艱困，這也得部分歸功於魏德邁對國軍的改革成功。

當納粹德國在 1945 年 5 月初向盟軍投降後，日本在各戰線的敗象已定，為了收縮戰場範圍，集中兵力以鞏固華北地區，而在中國東南省分撤出必要兵力，這也給予國軍在廣州、衡陽、長沙、柳州一帶展開反擊的機會。作為一支當時可以執行敵後縱深部署與突襲的兵力，已經先完訓的突擊總隊分隊而言，可也早就想躍躍欲試了吧！

陸軍突擊總隊在當時雖然尚未全數完成訓練，但已先完成訓練的單位便已分批授命執行敵後空降作戰的指示，首先登場的作戰目標是位於遠在一千公里外的廣東省開平市。部隊在出發前，時任陸軍總司令的何應欽將軍還來給突擊隊員們勉勵，7 月 12 日凌晨 3 點 15 分，搭載突

擊隊員的 14 架 C-47 運輸機相繼起飛，象徵著中華民國傘兵成建制的首次空降作戰開始了。由井慶爽隊長帶領的隊員在開平城外的山坡展開跳傘，不過有一名士官（寧公灝）卻在空降時不幸落入魚塘溺斃，成為中國傘兵部隊的首位犧牲者。

傘兵的著陸後並未與日軍遭遇，迅速完成集結後與當地游擊隊取得聯繫，並在陽江一線進行敵後破壞襲擾的活動，但雙方還沒有爆發大規模的戰鬥。敵後潛伏破壞達半個多月後，接獲上級命令要突襲 140 公里外的南江口，這是日軍水路重要的運輸碼頭，派有一支加強中隊駐守以防水路要道被破壞。突擊隊展開突襲後，駐守的日軍雖被打了個措手不及，但化整為零躲入民宅中負隅頑抗，在德慶北岸的砲兵更以火力支援南江口日軍展開逆襲，而預定支援突擊隊的民兵部隊卻遲遲不見蹤影，為避免陷入僵局，突擊隊見破壞水路要道的目的已達成，便先撤離了南江口。此役，突擊隊的首場表現也獲得美國戰略情報局作戰組負責人的肯定，並將其戰鬥紀律與果敢精神記錄在戰報裡。

1945 年 7 月 16 日，也就是在開平實施空降後的第 6 天，突擊總隊又接獲「掃蕩廣西平南縣丹竹機場之敵，確保機場守衛，與第 89 師先頭部隊會師後即協同東進」的作戰指令。鑒於突擊第 1 大隊已經在廣東參戰，雖然突擊第 2 大隊的官兵尚未完成傘訓，全大隊（約 700 名隊員）仍於隔日集結於昆明呈貢機場，被分批空運至 800 公里外的廣西柳州機場。經幾日的休整後啟程朝日軍占領區的平南縣東進，在與當地游擊隊取得聯繫後，卻苦等無預定發起協同攻擊的友軍先頭部隊抵達。由於時間緊迫，於是決定先行攻佔丹竹機場周邊制高點，以達到斷敵退路、阻

敵增援的目的，同時等待友軍協同進攻。

丹竹機場的重要性，在於美軍從成都起飛的 B-29 轟炸機會遭到日機攔截，先前因為 B-29 轟炸機的飛行高度夠高，日軍的戰鬥機普遍都無力爬升到這高度進行截擊，基本上如入無人之境。但後來日本從納粹德國引入了新的技術，這樣就成為 B-29 轟炸機的威脅，美軍希望在轟炸的路線上能夠拔除這些障礙，因此才寄望動用突擊總隊的傘兵執行此艱鉅的任務；因為按照美軍的作戰概念是當日軍的戰鬥機落地加油時，傘兵部隊就要立即出動將其摧毀在機場。

戰鬥從 7 月 28 日發起，經過三日的零星戰鬥都沒能取得決定性的戰果，直到第四日（31 日）友軍的步兵第 265 團姍姍來遲，與突擊大隊會師後朝丹竹機場發起總攻，戰鬥才趨於激烈化。8 月 3 日拂曉，突擊隊終於在步兵的協同下，奪下丹竹機場附近關鍵制高點的鳳凰山高地；而另一部在朝蒲陽岩陣地進攻時卻慘遭日軍伏擊，由於兩軍混雜交錯導致砲兵火力無法支援而遭致損失。戰鬥直到 8 月 4 日，突擊大隊終於和協同作戰的步兵第 265 團完成攻佔丹竹機場的任務。不過該次戰鬥讓突擊大隊傷亡近 50 人（日軍在此役陣亡超過 160 人），也是傘兵在抗戰期間的三次戰鬥中付出傷亡最大的一役。機場經過幾日的搶修，美軍飛機終於在 8 月 10 日重新降落在丹竹機場，也象徵著距離反攻勝利的時間不遠了！

突擊總隊第三次投入戰鬥是在日本投降的前夕，當時國軍已執行反攻行動，為配合主力部隊作戰，於是展開對敵後勤破壞的行動，此次的目標是日軍設於湖南衡陽的大型糧秣庫。7 月 27 日，上百名傘兵乘運輸

機抵達衡陽地區，隨後配合當地游擊隊先行隱蔽於洪羅廟山區，突襲目標是位於衡陽縣城北的台源寺（兩地相距約 25 公里），該地駐有日軍一個步兵中隊和一個騎兵隊共 100 餘人及數十匹軍馬。傘兵的任務是攻佔該據點，殲滅守軍、破壞糧庫。

傘兵先在衡寶公路上伏擊了一支日軍運糧車隊、突襲公路上的日軍檢查站，8 月 1 日夜晚夜行軍至攻擊發起位置，於 2 日對台源寺發起拂曉攻擊。防守的日軍退至碉堡內死守，藉堅固碉堡固守待援，傘兵部隊以機槍火力壓制日軍，並運用炸藥逐一將碉堡炸毀後才將日軍擊潰。突擊部隊在摧毀衡陽日軍重要的後方補給基地後，交由地方武裝力量繼續清掃戰場，旋即在敵佔領區展開游擊戰，直至 8 月中旬日本政府宣布投降。由於該部距離廣州最近，遂成為中國軍隊進入廣州接受日軍投降的先頭部隊，接受民眾的歡呼。

左｜傘兵參與衡陽戰役七十多年後，於 2020 年 8 月初在當地設立一座「鴻翔部隊抗日烈士紀念碑」，提醒後人莫忘這一段抗戰的史蹟。（Photo/ 羅吉倫提供）

右｜歷經國內傘兵圈內熱心人士的奔走下，「衡陽戰役」中傘兵先烈周劍敵上尉、章鋒下士，也終於能在 2020 年 9/3 軍人節前夕將靈位入祀圓山忠烈祠。（Photo/ 羅吉倫提供）

雖然突擊總隊這三次作戰的規模並不算大，但開創了中國空降作戰的先河，透過實戰讓傘兵積累了經驗，並以3戰3捷的全勝戰績，為部隊贏得聲譽，雖然戰果的規模有限，但是意義重大。在抗戰勝利後，突擊總隊的傘兵也是唯一擔任南京、廣州和長沙等地對日受降典禮的禮兵警衛部隊，甚至還遠赴日本執行押解戰犯返國接受審判的罕見任務。

相較於當時的敵人，日本雖然從1940年11月就從同為軸心國陣營的納粹德國那裏，幾乎吸取到組建傘兵部隊的全套技術和設備，也選派一群菁英赴德國學習外，更聘請了德國空降兵的專家來日本親自指導。可惜這樣的用心栽培，雖然在陸軍與海軍中都分別成立自己的傘兵部隊，卻在後續一連串的作戰中（印尼周邊群島、菲律賓群島、沖繩）創造了令全世界啼笑皆非的戰績（高事故率與自損率），不僅讓身為導師的德國專家們做出"戰術與技術爛透了的空降部隊"的評語，更令日軍大本營為之氣結！

傘兵也是唯一擔任南京、廣州和長沙等地對日受降典禮的禮兵警衛部隊。（Photo/ 國史館）

兄弟鬩牆、國共分家

「陸軍突擊總隊」在日本投降前的作戰表現，或許被刻意放大而深受蔣介石器重，更在當年就調派部分傘兵至瀋陽，擔任東北作戰指揮所的警衛任務，隔年也更名為「傘兵總隊」。隨著抗戰結束，「陸軍突擊總隊」改編為「空軍傘兵總隊」，並從昆明移駐首都南京，隨後也在南京成立傘兵的訓練基地。

傘兵不僅士氣高昂且裝備優良，以一般的傘兵連隊為例，當時的編制人員 208 員，下轄 6 個排（第 1-3 為傘兵排、迫砲排、機槍排、工兵排），每個傘兵排 36 人，配備火箭筒 3 門、輕機槍 3 挺、狙擊步槍 3 把、衝鋒槍 9 支、卡賓槍 18 支；迫砲排有 60mm 迫擊砲 6 門、機槍排有 .50 機槍 4 挺、工兵排配備掃雷器具、爆破設備及建築器材等。連級配有多輛吉普車、各車均有無線電通信器材、組長以上軍官配發望遠鏡、士兵每人均配發手槍。這樣的火力，恐怕連當時接受美援的「新 1 軍」或「新 6 軍」都羨慕！

除了空降以外，戰後的傘兵也區分有空降與機降作戰的訓練，圖為 1947 年的演練一景，傘兵從著陸的運輸機躍下展開戰鬥隊形。（Photo/國史館）

二戰結束後，美國派遣馬歇爾上將來中國調停國共越趨激烈的內戰。（Photo/AP）

中國的內戰更是接續著上演，這也是後來會傘兵分家，各走各路的原因。1946 年第二次國共內戰全面爆發，隨後經過幾次的整編，在 1948 年的實力為三個傘兵團（每團下轄 3 個營），另有 4 個直屬營。內戰期間，蔣介石甚至曾計畫運用手上這一支明星部隊，將其空降至延安和山東戰區實施突襲，但事後因計畫暴露而作罷。1947 年 5 月蔣介石還親自到南京青龍山基地視察傘兵的整訓狀況，不僅檢閱部隊、訓話、戰術演練視導、兵棋推演、裝備陳展…重視程度可見一斑。當時的傘兵部隊不僅在官兵素質上高人一等，部隊也因為裝備大量的 1/4T、3/4T 及大軍卡，所以機動能力也遠高於其他部隊，因此常能擔負輕快的作戰任務，加上擁有大量美械的自動武器，作為突擊及搜索部隊也都能勝任。

不過在 1948 年 7 月的「豫東會戰」中，「空軍傘兵總隊」將旗下傘兵第 1、2 團，加上 2 個戰車連、汽車團、砲兵營、工兵營等編組成「第 3 快速縱隊」後，因戰區指揮官不瞭解快速縱隊的特性，徒然將傘兵當作一般步兵使用，違背上級對於「不攻堅、不守點、不停留」的作戰原

則，當攻佔劉樓、馬口兩據點後，卻命只有輕裝火力的傘兵固守，經過連日的苦戰，通信與補給中斷，糧彈兩缺，空軍不僅無法適時空投在帝邱店被圍的黃百韜「第7兵團」殘部，還因空投物資直接壓傷不少友軍或投入共軍佔領區變相資敵。在方圓1.5公里的區域內約有2萬人被圍，當時的戰況非常危急，所幸有「第2兵團」馳援解圍，才免於被全殲的命運。此戰，傘兵部隊遭受重大傷亡，兩個傘兵團共六千餘人中幹部非死即傷、士兵損失過半（官兵傷亡高達2千餘人，超過建制的1/3而導致部隊元氣大傷）。

當月，層峰不得不將遭重創的傘兵部隊調回南京休整，9月部隊經過校閱之後，於11月初奉令部署至安徽蕪湖、繁昌、荻港一帶擔任江防任務。隨著1948年秋季開始國共雙方投入的大火拚，國軍在「遼瀋會戰」、「徐蚌會戰」與「平津會戰」的三大會戰中全盤皆墨，國民政府從此失去在大陸的優勢並一路撤退。國軍傘兵部隊的總隊部於1949年1月初進駐上海，3月1日更改番號為「空軍傘兵司令部」，一直到3月下旬始奉令移防廈門，擔負市區警衛勤務，並協力清剿地區共軍游擊勢力。傘兵部隊在廈門地區的階段部署還包括同安、集美、金門及馬港等地，其中的第二營主力就在金門，也是傘兵唯一一次成建制駐防外島的紀錄；雖然時間只是短暫的3個月，但是對於安定地方與掃蕩匪寇方面，也發揮不少震攝的功用。

然而傘兵第3團（約2,500人）在團長劉農畯偽造電報，謊稱要前往青島支援作戰下，全團乘「招商局」的「中-102」號坦克登陸艦北航至連雲港投共。此舉，也的確惹惱了高層，因此原先對這支部隊關愛的

眼神瞬間就降溫不少,並在短期間內讓傘兵在空軍與陸軍之間幾乎被當了"人球",在軍中的處境一度相當尷尬。

眼見大陸局勢已經無力可回天,1949年7月上旬,「空軍傘兵司令部」的直屬部隊和傘兵第1團,分別搭乘「延平輪」、「蔡鍔輪」、「112登陸艦」啟航轉移兵力至台灣,隨後將司令部進駐在屏東的空軍基地內;而第2團則於當年9月間才乘「海贛輪」轉移至台灣,這才算完成歸建的作業。同年,二戰後由陸軍第62軍第95師第453團所接收的「大武營區」,則移交給空降部隊使用,儘管在指揮鏈與番號又經過調整,轉移至屏東的國軍傘兵部隊,經過15個月在空軍短暫的指揮體系下運作,於1950年5月再度回到陸軍的指揮系統,並被更名為「陸軍傘兵總隊司令部」。

不過,在中國大陸這歷史性的一別,讓原「傘兵總隊」麾下的各傘兵團也各自走出了分歧的命運。投共的傘兵第3團被改編為中國人民解放軍「華東傘兵訓練總隊」,原團長改任總隊長,3個月後又改成華東軍區軍政大學第7總隊(即傘兵總隊)。嗣後,解放軍又以該團官兵為骨幹在河南省開封成立了空軍「陸戰第1旅」,韓戰期間傘兵也編入「第9兵團」之一部開赴朝鮮戰場參戰。在1951年10月1日傘兵還組成受閱方隊,參加了天安門的國慶閱兵,隨後這支部隊被擴編為空軍「陸戰第1師」,之後又輾轉經過多次組織調整與擴編,成為現在名稱響亮的「第15空降軍」。不過這一位解放軍眼中的"傘兵之父",後來卻也沒躲過在「文化大革命」受到的批鬥,於1976年死於腦溢血。

"向上3哩、向下3哩",「托科亞人」的崛起

很多讀者或許都聽過美軍第 82 和 101 空降師的威名,或透過影視作品的推波助瀾下,也多少都知道他們的輝煌戰史。拜湯姆・漢克斯（Tom Hanks）和史蒂芬・史匹柏（Steven Spielberg）合作拍攝的 HBO 電視影集《諾曼第大空降》（Band of Brothers）聲名大噪；尤其是理察・溫特斯（Richard Winters）中尉在劇中的台詞："我們是傘兵,本來就該被包圍"。還有在「突出部戰役」期間,身為代理師長的安東尼・麥考利夫（Anthony McAuliffe）將軍,在面對優勢德軍招降時的不敗回復："扯淡（Nuts）"！後來都成為經典名句,也讓「嘯鷹師」成為世人眾所皆知的精銳部隊。

HBO 於 2001 年播出的電視影集《諾曼第大空降》（Band of Brothers）,讓全球觀眾對於美國傘兵的初期發展有了更廣泛的認識。（Photo/HBO）

雖然如此，不過要真說起美國陸軍傘兵的發展起源，作者敢打賭，即便看完了諸多的影視戲劇，絕大多數的人可能也從來都沒聽過庫拉希（Currahee），或者托科亞（Toccoa）的名字，更鮮少有人會真正地跑到這個美國陸軍傘兵的發源地朝聖吧！

　　雖然美國在第一次世界大戰後期才勉強參戰，而成為「協約國」（Triple Entente）能加速戰勝以德意志帝國為首的「同盟國」（Central Powers）陣營，不過這也間接導致由美軍所提議的大規模敵後傘降作戰沒有執行的機會了。當時「美國遠征軍」（American Expeditionary Forces, AEF）在綽號"黑傑克"（Black Jack）的潘興（John J. Pershing）上將領導下，其中為了攻佔德軍佔領的麥茲（Metz），由後來被尊稱為「美國空軍之父」（Father of the United States Air Force）的米契爾（William Lendrum "Billy" Mitchell）擬定了此一瘋狂的作戰計畫，就是要運用傘兵到敵後作戰。由於戰爭提早結束，此項「恐慌派對作戰行動」（Operation Panic Party）雖然獲得潘興上將的支持，卻也沒有執行的機會了！

　　儘管一戰結束了，但米契爾卻仍然沒有放棄「垂直包圍」（Vertical envelopment）的作戰概念，在他的推動下，美國的傘兵訓練計畫在1928年10月就已非正式啟動。在德州聖安東尼奧（San Antonio）的「凱利機場」（Kelly Field）上，他指揮6名士兵從B-10「馬丁」（Martin）

式轟炸機上跳傘著陸後，在不到3分鐘的時間內就完成卸裝，並在地面上組裝了一挺機槍，士兵拿著武器開始執行戰鬥任務，從而成為美國本土內的第一支空降步兵。

但即便透過這樣的展示，仍然無法讓軍方高層在這一個項目上獲得更多的支持，因為大家認為這只是一種表演噱頭。更慘的是，後來美軍對於這一種新興的武力投送方式基本上毫無興趣，導致之後的廿多年美國在傘兵這一個領域幾乎是一片空白；也由於「經濟大蕭條」（Great Depression）所致，美國陸軍所能獲得的經費，在當時其實是非常拮据啊！與美國的發展大相逕庭，希特勒掀起第二次世界大戰，德軍所組建的新兵種～「空降獵兵」（Fallschirmjäger）已經在西線取得一連串驚人的戰果；蘇俄也在芬蘭使用了傘兵這一個新興的兵種，但是深受孤立主義影響的美國還是無動於衷，依舊抱持著不想捲入戰爭的偏安心態，因此在軍備現代化的程度上相形之下便顯得落伍。

1938年初，納粹德國的傘兵在維也納附近的阿斯本（Aspern）機場，對各國的武官團實施了一場空降作戰的演練，演練的科目包括使用降落傘著陸奪取目標，並透過滑翔機將人員運送到戰場…。而在這當中觀摩的武官之一，也就是後來成為「美國傘兵之父」稱號的威廉・凱里・李（William Carey Lee），隨後這樣「垂直包圍」的作戰概念便一直深植其腦海。可惜，那幾年他這樣的戰術理論仍舊顯得曲高和寡！

左｜「美國傘兵之父」的李將軍，為美國傘兵的組建貢獻良多。（Photo/US Army）
右｜1942 年「托科亞營區」的模樣。（Photo/US Army）

　　後來二戰爆發，希特勒的裝甲鐵蹄搭配空中力量席捲歐陸，並以令世人震驚的速度獲得空前戰果，這用一戰時期塹壕戰的概念根本無法套用與想像。即便當時已隔海殘喘的英國飽受轟炸之苦，急於向美國調借各種軍火度日（租借法案），然而美國依舊認為沒有下場攪和的必要，直到日本偷襲了珍珠港之後，才喚醒了這一個沉睡的軍事巨人！就這樣，美國的軍事力量便進入全面超車的階段；而「傘兵」（Paratrooper）也只是其中的一項。

　　儘管美國陸軍在捲入二戰之前也曾考慮組建空降部隊，但部隊規模實在是小得可憐，更慘的是只有李等少數的傘兵先驅在關注和研究這一個新興領域。李在當時雖然是被公認為外國裝甲的專家，曾在陸軍坦克和步兵學校任教了四年；歐戰爆發後，他以第 1 師第 2 步兵旅的少校執行官任職於華盛頓特區的步兵參謀長辦公室，開始倡導美軍發展空

第二章
從烽火中創立與艱辛的長成

降兵力。首先，他說服了步兵參謀長喬治・阿瑟・林奇（George Arthur Lynch）將軍[1]，讓「垂直包圍」的戰術學說得以被上級承認可行。直到1939年喬治・卡特萊特・馬歇爾（George Catlett Marshall）將軍擔任陸軍參謀長時，要求步兵組成一個降落傘「測試排」（Test Platoon）進行是否組建傘兵的研究案。

左/右｜在「班寧堡」接受空跳訓練的傘兵，這些官兵在2年後開始踏上反攻歐洲的征途，並一路打進德國本土。（Photo/US Army）

事實上，空降部隊並不受當時美國陸軍的長官們歡迎，儘管有人認為空降兵是一種新的概念，然而對於二戰中的美國人而言，卻不是那麼必要的兵種。所幸羅斯福總統支持了這一個新的軍事概念，而李也被授命於1940年6月下旬在喬治亞州的「班寧堡」組成一個傘兵「測試排」接受相關的測評。由於空降作戰對當時美軍都還屬於在摸索的階段，危

---

1 他在擔任步兵參謀長期間支持美國陸軍空降兵的發展外，還推動了著名的吉普車（Jeep）發明，成為第二次世界大戰及以後的地面主力戰術車輛。

險性高自然不用贅述，因此該排的人員都是採取志願制，並由第 29 步兵團中的 200 人中先挑選 48 人組成測試排[2]，排長為威廉‧湯瑪士‧萊德（William Thomas Ryder）中尉[3]；而第 2 步兵師也授命為空運部隊制定參考資料和操作程序的試驗。

左｜西點軍校 1936 年班的威廉‧湯瑪士‧萊德，是美國認證的第一名傘兵軍官，由他設置的 34 呎高塔訓練模式，迄今仍然普遍適用於各國的傘兵基本訓練中。（Photo/West Point Museum）

右｜1940 年 8 月 16 日，美國傘兵「測試排」首次空跳所搭乘的 C-33 運輸機，它是「道格拉斯」DC-2 所改裝的軍用版本。（Photo/USAF）

2　1940 年 6 月 26 日成立的降落傘「測試排」共有 2 名軍官、1 名準尉、6 名中士和 42 名士兵組成。

3　後來以准將軍階退伍，他先前為訓練創立的"萊德死亡之旅"（Ryder's Death Ride），便是目前各國傘兵普遍使用的 34 呎高塔訓練。

該排編組完成後，7月初，他們來到「勞森機場」（Lawson）開始了各種專項的體能訓練，例如從六呎和十呎的跳台上跳下滾翻、利用速跑和行軍來增強腿部和腳踝的力量、增加伏地挺身以強化臂力、學習如何收折降落傘⋯等。然後全排搭乘3架「道格拉斯」B-18A「大刀」（Bolo）式轟炸機，飛往新澤西州毗鄰「迪克斯營區」（Camp Dix）的「馬奎爾機場」（Maguire Field），再轉往東北方約40公里的海茨敦（Hightstown），因為當時那裏有1939年世界博覽會所遺留下來的2座150呎高的高塔，他們待了十天的時間在那裏接受自由落體的感覺訓練。[4]

　　因為傘兵在跳出機門後無法訓練，而類似在海茨敦這樣的高塔從事訓練，能夠獲得較高的模擬效果，所以後續為了協助新兵掌握跳傘的技巧，並要向士兵們保證他們的降落傘能夠安全運作，美國陸軍之後還在「班寧堡」內被稱為「尤班克斯訓場」（Eubanks Field）興建了四座高聳的降落傘塔，以模擬空跳後自由落體的真實感，事實也證明透過這種設施的訓練非常有效。時至今日，筆者在2024年親臨該訓練場時，仍然可見到傘兵們在訓練時使用。

---

[4] 今日在羅賓斯維爾鎮溫莎路段的130號公路沿線，路邊還矗立著一座紀念碑，以紀念二戰期間在此工作的美國陸軍降落傘「測試排」。

左│「自由塔」（Free Tower）的高度有 76 公尺高，是模仿 1939 年紐約世界博覽會的空降塔所興建；但目前只剩下 3 座，因為其中一座於 1954 年 3 月 14 日遭到龍捲風的襲擊給吹倒了。（Photo/ 黃竣民攝）

右│威廉・佩勒姆・亞伯勒（William Pelham Yarborough）設計了傘徽，並於 1942 年 6 月獲得批准得以正式給傘兵配戴。（Photo/U.S. War Department）

　　1940 年 8 月 16 日，也就是「測試排」成立後不到 45 天，排裡的成員就在「勞森」陸軍機場上空進行首次的跳傘。雖然這當中的過程還存在一段趣事，就是當初為了解決測試排士兵中由誰排第一個跳出的順位問題，排長還以抽籤（1-47 號）的方式以求公允，結果 1 號就成為當時炙手可熱的"籤王"，甚至同儕間還有人喊價到 50 美元（1942 年當時的二等兵薪水也只有 21 美元），只想換得這一個能在歷史留名的機會！不過現實的情況是出人意料，當日他們所搭乘的 C-33 運輸機從 1,500 呎的高度盤旋，萊德中尉率先跳出機門，成為美國陸軍認證的首位傘兵軍官，但原本第 1 號的士兵並未克服恐懼，連續兩次都不敢跳出機門後，威爾森（Wilson）準尉毅然決然地換 2 號上來遞補，因此讓威廉・N・

金（William N. King）二等兵撿到便宜，成為了美國陸軍第一名傘兵士兵[5]。後來為了紀念這歷史性的一天，也就演變成美國的「傘兵節」[6]。

測試排在第 5 次空跳時，戰爭部長亨利・路易斯・史汀生（Henry L. Simpson）與陸軍參謀長喬治・馬歇爾等一堆重要軍政人員，都聚集在都在「勞森機場」等著見證美國傘兵的這一個歷史的時刻，也確認了美軍即將要發展這一種武力的方針。雖然「測試排」緊接著又在 8 月 22 日進行了首次的集體跳傘，而 29 日進行首次戰術性的排級跳傘測試（儘管有 2 人喪生、多人受傷的結果）；由於該排在外軍及國內展演時的表現獲得了高層肯定，於是 9 月便擴編成「第 501 傘兵營」；而測試排的成員自然轉變為傘兵部隊的種子教官。

後來在整個戰爭期間，所有戰區的空降行動之所以能成功，也證明了「測試排」所做出的重大貢獻；因為他們用生命解決了傘兵技術的複雜性問題，設計了特殊的傘具，進行了試跳和改進，並建立了傘兵的編裝和戰術⋯而這些都是美國傘兵部隊後來能夠超越其他國家傘兵的原因。這在陸軍部長約翰・馬什（John Marsh）授予降落傘「測試排」的

---

5 後來那位原本是第 1 號的傘兵，之後為保護當事人，他被隱匿了名字並調出該排，從此跟美國傘兵無關。

6 美國總統小布希（George Walker Bush）於 2002 年宣布 8 月 16 日為「國家空降日」（National Airborne Day），並於 2009 年 8 月 3 日經國會通過，以向成千上萬名曾經與目前在傘兵部隊服役的傘兵致敬。

褒揚狀中有提到，"該部隊因 1940 年 7 至 9 月執行危險任務而受到表彰，他們率先確認了現代戰爭中使用傘兵的可行性，並為了進行戰術實驗，長時間竭盡心力地執行危險任務⋯。"即便經過這麼多年，這些褒揚令的內容都是實至名歸！

2002 年小布希總統宣布 8 月 16 日為「國家空降日」，以對傘兵部隊致上敬意。（Photo/ US Govt.）

隨後在 1941 年 3 月奉令成立了「臨時傘兵大隊」，大隊部就設在「班寧堡」，指揮第 501 傘兵營；並於 1941 年 4 月底開設了降落傘學校。後來傘兵的培訓確定為為期六週的課程，分幾個階段進行。「A」階段持續三週，幾乎完全致力於體能訓練，尤其是跑步；體能訓練並沒有在這個階段結束後就停止，而是延續到所有階段。「B」階段持續一周，包括從飛機框架模型的機身訓練和 34 呎的高塔上跳出、操傘、著陸和收傘等技術。「C」階段持續一周，包括更多降落傘包裝、懸掛式安全帶和 250 呎的高塔。「D」階段則是實際的空跳週；傘兵需在完成五次

的跳傘後才能取得「傘徽」[7]。

　　李，除了順理成章地成為降落傘學校的第一任指揮官外，也逐漸讓當時「陸軍地面部隊」（Army Ground Forces）[8]的參謀長：萊斯利・詹姆斯・麥克奈爾（Lesley James McNair）中將相信空降部隊在未來作戰中的價值。大隊在1942年3月擴張成「空降兵司令部」（Airborne Command），司令部則設於北卡羅來納州的「布拉格堡」（Fort Bragg），也下轄「班寧堡」的降落傘學校。隨著英、美在歐洲戰事上的意見交流，參觀過英國組建的傘兵師後，當時已經官拜准將的李，也提出了擴編空降部隊的建議，並迅速獲得「戰爭部」的批准。於是，在1942年7月底時，美國陸軍決定成立2個空降師；也就是後來大家所熟知的第82和101空降師，並分別由李奇威（Matthew Bunker Ridgway）和李所指揮。之後，第11、17、13空降師也陸續成立，並投入在二戰末期的戰事上。

7　由威廉・佩勒姆・亞伯勒所設計，他還設計了傘兵靴、跳傘服⋯等，後來他積極推動特種部隊作戰的重要性，而成為美國的「現代貝雷帽之父」（Father of the Modern Green Berets）。

8　「陸軍地面部隊」是美國有史以來建立的最大的訓練組織，在1943年7月時兵力達到峰值的220萬人。

作為美國陸軍傘兵部隊初期的培訓基地,「托科亞營區」現今已整建成為博物館,並戮力恢復成原來兵營時的模樣。(Photo/ 黃竣民攝)

當時空降師的主體其實就是「空降步兵團」(Parachute Infantry Regiment);而當美國陸軍決定選在喬治亞州距離托科亞小鎮約 5 哩的「圖姆斯營區」(Camp Toombs),那裡原本是「國民兵」的營區,在經過近一年的整建才於 1940 年竣工,營區是以內戰時南軍將領羅伯特・圖姆斯(Robert Toombs)為名。陸軍則是在 1942 年接管此營地,營區涵蓋了約 300 英畝的軍事設施和另外 17,000 英畝的訓練場域;其中包括令傘兵們被操到沒齒難忘、海拔超過 1,700 呎的庫拉希山(Currahee

Mountain）⁹，並將其專門用於訓練這一支新的兵種，訓練課程從 1942 年 7 月展開。如果以美國原住民印第安語中的"庫拉希"，語意相當於「孤獨挺立」（Stands Alone）的意思，據說也是「第 506 團」的傘兵們在第一次跳傘時擋門時的呼聲，並且在戰鬥中仍然是他們的團呼。

然而第一批抵達此受訓的部隊（第 506 空降步兵團）指揮官；也是當時組建第一支傘兵營內擔任連長（第 501 傘兵營 B 連）的羅伯特・辛克（Robert Sink）上校，他卻不喜歡這一個營區原先使用的名稱；因為「圖姆斯營區」（Camp Toombs）的英文唸起來的諧音跟「墳墓營區」（Camp Tombs）很像；而進入營區的道路又是第 13 號公路，也是西方世界最為忌諱的數字，可能會對新兵產生不好的迷信進而影響部隊士氣，所以他成功說服了陸軍部，將營區的名字改為「托科亞營區」（Camp Toccoa）。

9　傘兵們在蜿蜒曲折的小徑上，幾乎每周要跑上 2-3 次電視劇《諾曼第大空降》中"向上 3 哩，向下 3 哩"（3 Miles up, 3 Miles Down）的戲碼，類似於早期我國入伍訓練中，要新兵"左去、右回"的口頭禪差不多，因此在共患難中培養出一種強烈的團隊榮譽感與凝聚力。

左｜羅伯特・辛克在美國早期傘兵界中素有"Five-Oh-Sink"的稱號，後來官拜中將退役。（Photo/US Army）

右｜第2營創下世界新的部隊行軍紀錄，顯見當時對於傘兵部隊體能要求的嚴格程度。（Photo/US Army）

　　與外界普遍的認知相反，美國開始成立空降師的第一批傘兵並非全是志願者，其實許多人早在選擇加入傘兵之前就已經奉召入伍了，後來共有4個團（第501、506、511、517團）在該營區接受傘兵的體能戰技訓練（跳傘仍然是在「班寧堡」執行）。由於傘兵訓練的要求嚴格和體能標準也較高，從辛克上校驕傲的戰術行軍（第2營556名士兵參與33.5小時的220公里行軍，打破當時日本陸軍部隊保持的部隊行軍世界紀錄，且全營30名的軍官無人落隊）即可看出官兵訓練的紮實程度。此期間雖然有超過18,000名役男來到此營區受訓，希望能成為當時最獨特的傘兵，但只有約6,000名（外號「托科亞人」"Toccoa Men"）能真正通過考核，並且獲得了令人尊敬與羨慕的傘徽。

　　在1942年11月美國參與了「火炬行動」（Operation Torch），在北非登陸期間美國傘兵就執行了首次的大規模空降行動，由「第509空

降步兵團」從英國飛往今日的阿爾及利亞，佔領奧蘭（Oran）附近的兩座機場；這距離美國正式成立傘兵只有兩年。這也是歷史上大規模空降行動中跳傘高度最低的一役，其跳傘的高度僅143呎！儘管這次行動因為計畫倉促、執行起來也飽受批評，整場空降作戰行動幾乎是以虎頭蛇尾來形容，而在奪取機場為目標的功績中，傘兵真正發揮的作用其實很小，但卻為美國傘兵在後續戰鬥中獲得了寶貴的經驗；而他們也的確從一連串的教訓中逐漸蛻變成為菁英戰士。

這一座營區的訓練持續了18個月，隨後這些空降步兵團的官兵便投入歐洲、太平洋…等地的惡戰。當時這批傘兵被稱為"棍子"（Stick）、而任何裝載傘兵的航空器（運輸機、滑翔機）則被稱為"粉筆"（Chalk）。由於他們展現出堅忍頑強的戰鬥作風，很快便成就了在戰史上偉大的篇章，讓世人知道美國傘兵是部隊中最優秀、最頑強的戰士，他們絕對是冷酷無情的殺手，會在戰場上毫不留情地殲滅敵軍。

左｜「火炬行動」是美國傘兵成立後的首次大規模實戰，第509空降步兵團的官兵正向阿爾及爾市附近的機場行進。（Photo/US Army）

右｜盟軍在空降諾曼第之前，當時歐洲戰區的盟軍指揮官艾森豪上將特別在傘兵登機前為官兵們打氣。（Photo/National Archives）

空降神兵
航空特戰 80 載

翻攝於美國「國家步兵博物館」內的陳展資料，照片為 1942 年 7 月 20 日「第 507 空降步兵團」的原始幹部合影、部隊徽與當時跳傘加給的敘述。（Photo/ 黃竣民攝）

美國空降部隊在戰爭末期投入各戰區的戰鬥，實際作戰的時間並不長，而戰後「托科亞營區」很快就被關閉了（實際上只使用 22 個月），隨即短暫用於收容德軍的戰俘，當這個短暫性的任務也完成之後，營區幾乎被拆除到沒有留下任何痕跡；而當時新兵搭火車到托科亞下車的車站，也已經改為一間小型的博物館，陳展一些當時傘兵的相關物品。

1990 年，當地政府才在營地的舊大門處建立了一座小型紀念碑，以紀念在此訓練的部隊以及他們在戰爭中所做的犧牲；後來當地的民間人士也組建一個團體，正努力想將此地恢復成豐富的歷史原貌。此外，先前傘兵跑往庫拉希山的舊小徑，也已經闢建成"羅伯特・辛克上校步道"以紀念他，目前每年 10 月的第一個週末都會舉辦的「庫拉希軍事週末」

（Currahee Military Weekend），除了會進行二戰軍事重演、武器陳展、退伍軍人簽書會、遊行、實彈射擊展示、音樂會⋯等活動外，如果讀者有興趣去跑一段緬懷美國傘兵歷史的路徑，也千萬別錯過5K或10K距離的《庫拉希挑戰賽》山地路跑活動。

今天美國陸軍所佩戴的基本傘徽，於1941年首次出現在陸軍的服制條例中，當時美國士兵通過基本傘訓取得「空降」士兵的資格後即可配戴。聊個比較俗氣，但是卻對當時傘兵最為實際的「跳傘加給」[10]，這樣具有高度危險性的加給可是其來有自。美軍官兵在二戰期間如果通過了基本傘訓，符合空降資格的軍/士官能每個月領取100美元、士兵可領取50美元的「跳傘加給」；如果對照當時美國在1940年的月平均薪資114美元來看，就可以知道誘惑人的地方在哪裡了！查閱資料，在1942年時美軍一名二等兵（E-1）的月薪才也21美元，即使到了1943年月薪調漲至50美元，對於在傘兵部隊中服役的士兵而言，光是獲得跳傘資格後就能領到"雙薪"的滋味，怎麼會不甜呢？

---

10 以現今美國陸軍的標準，跳傘加給為225美金／月。

雖然「托科亞營區」存在的時間並不長（二戰結束後不久即關閉），但對於美國傘兵的意義卻很重大。所以當地的政府於 2002 年還特別選在營區舊址前，開設了一座紀念步道以提醒世人牢記這一段歷史。（Photo/ 黃竣民攝）

第三章

空降＋特戰的
茁壯時期

- 「粉碎計劃」、空降東山
- 「天兵」躍戰力、「國光」卻告終
- 壽山秀傘技、「神龍」終有譜
- 戰略轉變、驃悍不改
- 沒有三兩三，哪敢進"涼山"
- 陸軍航空兵的崛起
- 中美合作、突擊兵緣起
- 「最強突擊兵競賽」

「粉碎計劃」、空降東山

　　國民政府在 1949 年轉進至台灣後，喊出的口號是"一年準備，兩年反攻，三年掃蕩，五年成功"，到了 1953 年時卻仍然沒有什麼像樣的作為，如果不再有一些較大型的軍事反攻行動，可能會讓國人的士氣造成不利影響。當韓戰爆發後，當時在台灣的蔣介石也曾經向美國表態，希望派國軍部隊去朝鮮半島參戰，有機會趁機打回中國大陸去…。不過，當時美國並不願意朝鮮半島上的戰事往這樣的路線發展，因此這樣的提議並沒有在當時被美國接受。

　　然而全世界都聚焦於鏖戰 3 年的韓戰有機會停戰前，美國「中情局」（CIA）希望藉由在中國後庭放火，以牽制中共對於北韓的支援，進而破壞朝鮮半島停戰的談判簽字。因此，以「西方公司」（Western Enterprises Inc.）為掩護的情報機構與國防部，自 1953 年 2 月即著手計劃展開對大陸東南沿海的突襲行動，雙方既可干擾沿海的海運行動以牽制解放軍調動兵力；另一方面也能鞏固反攻大陸的宣傳效果，讓台灣島上的軍民仍可抱持一絲希望。所以，針對中國發動一場突擊作戰，除了有呼應聯合國部隊在韓國戰略上的目的外，對內也期望發揮一劑提振民心士氣強心針的社會目的。

　　美國的「西方公司」在 1951 年春於金門溪邊、下湖成立訓練基地，早先任務是培訓反共救國軍，並為國民政府控制的近海島嶼提供後勤支持。在歷經多次成功的襲擾作戰後，認定中共的海防不如預期的嚴密，

因此才衍生後續更大膽的突擊想法。而從事這些邊界擾亂性活動（包括大陸西南邊境）的代價，其一就是讓台灣能持續獲得美國的軍事援助；而這種我國出兵力、美國出裝備的合作模式，一直持續到1970年代才逐漸休止。

此戰，國軍的主帥是由先前指揮過「南日島戰役」和「湄州島戰鬥」兩戰皆捷的胡璉將軍出任，希望給國軍方面有更大的獲勝信念。而作戰目標的選定，則是福建省沿海最南端的島嶼；也是該省內第二大島的東山島，它位於閩粵兩省之間，也是當時福州軍區與廣州軍區交界處，寄望這個三不管地帶能造成解放軍支援的窒礙，戰前預計最遲一天就能達成作戰目的，有點在敵人地盤上插旗的意味，而並非是要實質性的長期佔領。本計畫預計動用的兵力約2個師，特別的是納編了海軍、空軍的部隊與特種單位；而此時已在屏東整訓完，並又被更銜為「游擊傘兵總隊」後所派出的傘兵部隊，只是突擊行動編隊的其中一支，最後作戰行動於7月時正式定名為「粉碎計劃」。

當7月16日作戰發起時，一支將近5百名的傘兵部隊在拂曉便搭乘十餘架C-46運輸機起飛（2架在途中因故障先折返），由於行動相當保密，官兵在起飛前都以為是去參加新的演習，殊不知他們即將要參與實際的戰鬥，而且是在他們完全不熟悉的解放軍的地盤。約在海軍登陸部隊發動登陸戰的同時，國軍傘兵於預定空降地點的八尺門一帶開始實施傘降，最初的跳傘高度為200公尺，落地可以快速的集結。但是由於遭到當地守軍發現，並以對空機槍對運輸機群射擊後，導致運輸機編隊

得爬升高度至 1,000 公尺，造成後續傘兵在投放時的散佈面積過大，滯空時間過長外（前後竟長達 22 分鐘），許多傘兵在落地前就遭敵機槍掃射造成不少傷亡，而落地後收攏集結的時間也有所耽擱。當地防守渡口的少數共軍，憑藉既設工事且戰且走，雖然兵力不大，卻十足達到遲滯傘兵奪佔渡口的目的。

國軍的噩夢卻不僅於此，由於傘兵所受領的任務是炸毀八尺門的橋樑以阻敵向東山島增援，但經過奮戰抵達目的地後卻發現無橋可炸（本為浮橋，可以彈性調整位置），這個情報失誤可真害慘了這一批傘兵。面對越來越多兵力與火力上優勢的敵軍圍攻，傘兵只能逐次抵抗地向主力會合。不幸的是，部隊的通信中斷，因為裝載無線電裝備的運輸機並沒有跟上編隊，造成傘兵的無線電通聯卻只能收聽、而無法發送。

當越來越多共軍乘著機帆船渡海增援時，國軍突擊行動的優勢不再，雖然從金鑾灣、後港登陸的地面部隊主力一度攻佔西埔，然而解放軍仍然據守著島上最主要的幾個制高點，包括 410 高地（牛犅山）、425 高地（王爹山）和 200 高地（公雲山），在這些山頭上都挖掘著數道壕溝，讓攻堅的國軍部隊吃足苦頭，而這些都是先期偵察時未能掌握的情報。傘兵見戰況不利只能邊打邊撤，在通信困難的情況下好不容易與友軍第 134 步兵團會合，旋即被編入預備隊。但朝各制高點攻堅的地面部隊均進展不順，只好又將已經拚戰一晝夜的傘兵部隊投入，以增援圍攻 410 高地的戰鬥。雖然傘兵戰鬥意志強悍，但是在解放軍優勢火力的壓制下，仰攻 410 高地卻成為傘兵們永遠到不了的山頭，他們紛紛獻

出了寶貴的生命在山坡上倒下。

眼見突襲東山島的宣傳目的已經達成，17日國軍部隊便紛紛展開撤離行動，不過由於編隊過於複雜，整個撤離的作業到18日凌晨才真正算是告一段落，全軍撤回到金門後，也正式宣告「東山島戰役」的結束。傘兵在這場戰役中能夠成功撤退的只有約170人，有2/3參與此戰役的傘兵不是陣亡，便是淪為解放軍的俘虜，損失可謂相當的慘重。這一場被稱為國共兩軍在大陸的最後一場激烈拚殺，在雙方各說各話的情況下畫下句點；但國軍在軍種聯合作戰中的諸多缺陷也暴露無遺。國軍經此實戰驗證後，對於大規模的傘兵運用與三軍聯合作戰也有了實務經驗，讓國軍的聯參能制定出更加合理可行的反攻作戰計畫；儘管這些後來都因為時局的變化，最終都被束之高閣了。

左｜「東山島戰役」雖然結束，但卻沒有完全澆熄蔣介石反攻大陸的希望。圖為先總統在視察他心目中一直被視為是反攻先鋒的傘兵部隊。（Photo/ 國史館）

右｜屬於傘兵的「天兵忠靈祠」，由於管委會成員均已年邁，未來如何運作則充滿不確定性。（Photo/ 孫建屏提供）

這一場被胡璉將軍比喻是"傘兵表演"的空降作戰，背後雖然有美軍高度的介入，但政府當時為了持續獲得美國的軍援（如一萬具的傘具和其他大量的軍備），也不得不配合演出。後來在艾森豪總統任內，1954年12月2日簽訂了「中美共同防禦條約」後，明確地限縮美軍協防的範圍僅及於台、澎，也限制中華民國取得反攻大陸所需的武裝和部隊調遣權力，自此之後的政府想仰賴自身力量渡海反攻的想法，就轉變成不切實際的口號，只是大家心照不宣。

　　由於東山島戰役傘兵部隊的傷亡甚重，後來由退伍傘兵楊成芳、艾管寧等人在高雄大寮影劇七村旁，發起籌建一座專門祭祀傘兵，作為保存傘兵忠烈史蹟，收容老傘兵遺骸用途的祠堂。這一座特殊的祠堂於1987年舉行落成典禮，佔地約一百坪，入口處是參考飛機造型設計的紅色牌樓，建物前的牆面上刻有先總統蔣公在1953年8月10日於陸軍龍潭基地向全體官兵訓示的全文，大殿除安厝傘兵烈士的牌位外，右方的忠烈牆上，刻有傘兵部隊自成立以來在歷次戰役中所犧牲的烈士姓名。每年的4月8日配合「傘兵節」，照往例都會由退伍傘兵協會籌辦祭典，「陸軍航空特戰指揮部」配合辦理，並由該部的指揮官擔任主祭。

　　2023年時值「東山島戰役」70週年之際，在「中華戰略學會」所舉辦的「東山島突擊戰役70年研討會」中，還特別邀請到當年參戰的連兩全（第45師134團第3營第1連上兵政戰士）；也是目前唯一一位參與該戰役至今仍倖存的老兵，現在他也已經是百歲的人瑞了。當時戰況慘烈的程度，尤以傘兵部隊感受最強烈，連老先生當時持輕機關槍

第三章
空降＋特戰的茁壯時期

戰到彈盡援絕，全身多處中彈，幾乎已在瀕死邊緣的他，連殺來的共軍都懶得救治，然而幸運的是還能登上撤退的登陸艦回台救治，並在大家都不看好的情況下，竟然也奇蹟似的被救活，後來轉至瑞芳當礦工，儘管生活困苦，但膝下8名子女各個均頗有成就。而說起「中華戰略學會」現任的秘書長鄭禮國，在軍退之前的職務是擔任「軍事情報學校」的校長，本身也是傘兵一份子的他，或許也是最有感而發吧！

當年參與東山島惡戰的連兩全（右2）現已是百歲人瑞，也是目前國內唯一參與該戰役還倖存的老兵。在該戰役70年紀實研討會的活動中，胡璉將軍的孫女（右1）也特地來向他致意，或許象徵著另一種層次的"和解"！左1為「中華戰略學會」秘書長鄭禮國。（Photo/ 嚴聖航提供）

「天兵」躍戰力、「國光」卻告終

　　東山島戰役之後，權衡傘兵的發展還是與游擊戰、山地作戰、水域作戰、假想敵訓練等特種作戰任務離不開關係，因此原「游擊傘兵總隊」後來也在1955年2月1日更名為「陸軍空降步兵教導團」，這一改番號維持了十年的時間，算是傘兵部隊自1944年組建以來，度過第一個番號穩定的十年。在這一段期間，上級為了將特種作戰與跳傘分家，因此「陸軍空降步兵教導團」在1958年1月移至「大武營區」外，同年3月又另外在桃園龍潭成立了「陸軍特種部隊司令部」；初期隸屬國防部，不到半年後又回歸陸軍指揮。當時的「大武營區」的角色自此一直都是作為傘兵訓練的基地，而且這一晃眼就超過了一甲子，因此才有著「傘兵的家」的稱號。而「陸軍特種部隊司令部」則負責執行山地作戰、水域作戰、小部隊游擊戰及假想敵訓練，在那個還不時得滲透到大陸地區執行情報蒐集任務的年代，因此認為單純步兵＋跳傘的訓練，已經不足以應付在執行敵後特攻的任務所需。高層當時仍倚重要以組訓的空降游擊部隊，支援緬北的國軍殘餘部隊活動，期望能在雲南省等西南邊區建立反攻基地，再逐步擴大至整個大陸地區，而這一個反攻的構想後來也被慘痛地執行了。

第三章
空降＋特戰的茁壯時期

打從「陸軍空降步兵教導團」在1958年1月移至「大武營區」後，這裡就一直是「傘兵的家」，直到遷至「大聖西營區」為止。（Photo/駱貞俊提供）

雖然「東山島戰役」算是反攻大陸的實驗戰，國軍在這之後也不斷投入在反攻作戰的計畫上，尤其是1961年4月在三峽成立的「國光作業室」，正是負責擬定反攻大陸軍事作戰計畫的專責單位，納編各軍種總司令部參與，提出了包括：「敵前登陸」、「敵後特戰」、「敵前襲擊」、「乘勢反攻」、「應援抗暴」等5類26項作戰計畫，數百個參謀研究案；其中的武漢作業室（負責特種作戰）、大勇作業室（負責空降特遣部隊），都是該作戰計畫中的部分項目，而每項作戰構想都有對應的預演。

當1958年中共發動「823砲戰」期間，傘兵部隊雖然沒有直接參與戰鬥，但仍不斷支援空投補給的任務，為該戰役的持續力做出貢獻。也由於「第一次台海危機」（「一江山戰役」和大陳島撤退）和「第二次台海危機」（823砲戰），讓美國自二戰結束後加大對中華民國在軍事

支持上的力道，各軍種在此期間也紛紛受到很多美國在軍事上的援助，傘兵自然也蒙受其利。而這一段期間，在美軍顧問團的協助下發展了穩定的聯合作戰關係，尤其是從 1961 年開始中-美空降部隊聯合舉行的「天兵演習」，這樣的年度演習一連舉行了多屆，國軍傘兵與美軍的「第 173 獨立空降旅」麾下的部隊共同執行演習，還曾創下建軍以來最大規模的傘兵空降，傘花朵朵佈滿天空的畫面。當時出動的 C-119、C-130…等各型運輸機高達 150 架，雙方參與的傘兵高達 2,300 名，演習的流程為空降攻擊、空投補給以及地面戰鬥行動…等，對於磨練國軍空降部隊的官兵有莫大成效。

左｜「天兵演習」是 1960 年代中美聯合演習的高潮之一，對於空降部隊當時交流的意義重大。（Photo/ 行政院新聞局）

右｜「天兵Ⅳ號演習」的歷史畫面，參演的是美軍「第 173 空降旅」官兵。（Photo/ US Army）

雖然「國光計畫」如火如荼的推展，而對岸的中國卻因為推行「大躍進」而搞得天怒人怨，整個民生經濟嚴重萎縮與凋敝，國力大幅下滑，人民對共產黨的統治明顯產生厭惡，與蘇聯的關係更是鬧僵，這對台灣而言似乎意味著是反攻的最好時機，因此國軍方面積極調整軍隊部署，高呼反攻在即的口號；另一方面也希望獲得美國的支持。美軍雖有協防台灣的作為，但卻反對單方面由台灣主動挑起反攻的戰火，更不願見到台灣運用美援武器及物資在反攻大陸方面，因此除了刻意延遲交付軍援武器裝備給臺灣外[1]，更命在台美軍人員同時加緊對於國軍部隊的監控作為，就怕國軍假藉密集的演習而突然會被轉變成實際的軍事行動。

有別於國軍缺乏大量正規海、空作戰輸具，這一方面的貧弱在某種程度上讓「國光計畫」這種大部隊聯合作戰後來無疾而終，反而由國防部情報局策畫的「海威行動」被付諸執行了。這一起將特種作戰、情報人員空投到中國大陸秘密行動，在1960年代初期現高潮，原先在「陸軍特種部隊司令部」所培訓三支總隊約3,000名的特種作戰人員，分別秘密空降於福建、廣東沿海，成為反共游擊隊希望在大陸多地同步點燃

---

1 迄1963年7月時，美國答應交付軍援台灣卻被刻意延宕的主戰品項，計有陸軍：「鷹」（HAWK）式飛彈176枚、「勝利女神」（Nike missile）飛彈124枚、106無座力砲7門、M-41輕戰車74輛；海軍：巡邏艦及掃雷艦各2艘、M-41輕戰車10輛；空軍：AGM-12「犢牛犬」（Bullpup）飛彈108枚、F-104B戰鬥機1架、F-104G戰鬥機32架、RF-104G偵察機8架、TF-104G雙座戰鬥教練機6架⋯。

推翻共產暴政的革命火花。經過幾年國際情勢的變化與中國各地對反共游擊勢力的清剿，這一批空降游擊的特工人員遭到覆滅性的打擊，經資料顯示，在這 2 年多的時間只有不到 1/3 的特戰隊員還生還。這也更加確定對大陸的特工行動在 1970 年代逐漸式微，「陸軍特種部隊司令部」的高峰不再，於 1974 年 3 月順勢畫下句點，隨後與傘兵合併成空降特戰的單位。

「大武營區」內傘兵的地面訓練場一景，這也是數十萬資深一輩傘兵對這裡的共同回憶了，因為此景已成追憶。（Photo/ 王清正提供）

壽山秀傘技、「神龍」終有譜

當時任「空降步兵教導團」團長的俞伯音將軍於 1960 年 10 月訪美，除考察「布拉格堡」（Fort Bragg）[1] 美國陸軍第 82 空降師的傘兵訓練設施與第 18 空降軍的野戰演習外，更深受美軍安排的高空（1 萬呎以上）定點著陸表演所吸引，因此在返國後即有組建類似單位的想法。其實美國陸軍早在 1959 年就正式組建了一支陸軍的傘兵隊，後來正式命名為「金騎士」（Golden Knights）並於 1961 年年中被賦予作為美國陸軍官方的空中表演部隊，與美國海軍的「藍天使」（Blue Angels）、空軍的「雷鳥」（Thunderbirds）飛行小組一樣，擔負著對外宣傳的公共關係和招募任務。

美國陸軍「金騎士」跳傘隊除執行官方指定任務外，亦接受民間邀請的付費演出，活動價碼與演出的規則都有明確律定。（Photo/US Army）

---

[1] 目前已更名為「自由堡」（Fort Liberty），但仍是陸軍「第 18 空降軍」及「特種作戰司令部」多個單位的駐地，負責督導「綠扁帽」（Green Berets）部隊和「第 75 突擊兵團」。

「金騎士」跳傘隊本身就編制有多架飛機（目前有 5 架，被稱為「六隊」"Team 6"），專門提供其跳傘使用，圖為其中一架的「福克」C-31A 型運輸機。（Photo/US Army）

而當時美國陸軍第 82 或 101 空降師，麾下都有一個「高空滲透小組」，能夠執行較一般傘兵更艱難的高空滲透行動，在敵後襲擾破壞，執行特種情報的蒐集任務。而這一個組建的構想後來演變成「神龍小組」創立的宗旨，並在當時「空降步兵教導團」團長俞伯音將軍的支持下，於 1962 年春開始著手成立一支平時具有跳傘特技、戰時能執行高

空滲透作戰的小組。在這個構想下，集合了一些志同道合的跳傘好手，讓這一支跳傘特技小組逐漸成形，並於同年 11 月先總統率高級將領們在壽山射擊場的時機大秀傘技而獲得層峰肯定，自此得以名正言順的擴大編組。這種單位的成軍，讓中華民國成為亞洲第一個擁有「高空滲透小組」的國家，也羨煞不少國家。

「神龍小組」在成立之後，旋即在島內各地展開高空特技跳傘的表演活動，小組人員在 1 萬 4 千呎的高空，跳離飛機後歷經 75 秒才拉開，降落傘下降的速度為 7 呎／秒（當時一般傘兵使用的主傘下降速度為 16-24 呎／秒），在張傘以前的空中滑行階段，組員們進行諸如交叉通過、兩人空中交會、疊傘⋯等技術高超的驚險動作，以公開表演的方式提高青年們對於跳傘的興趣，進而有意願投入傘兵的行列。甚至，官方在當時（1974 年）的台北青年公園內還設置了傘訓中心，而教練也都是陸軍「神龍小組」的隊員出身，吸引年輕人前來體驗刺激的跳傘訓練就更具有說服力。

官方如此大力推廣跳傘運動的原因，與當時的國策有關，在那個還打著「反攻大陸」口號的年代，吸引青年人力加入部隊成為作戰資源也是政府的一項重要任務，畢竟傘兵是空降到敵後作戰的攻擊型部隊，尤其是正規兩棲登陸作戰的演練在美軍眼皮下很難執行，小規模的空降滲透、敵後特工作戰，正是當時高層所一直仰賴傘兵存在的主要原因，此一現象在 1960 年代中期以前都還是主流聲浪。

正在空中實施高空跳傘隊形變換訓練的「神龍小組」。（Photo/ 空訓中心提供）

　　俞伯音將軍的另一個美談，就是成就了國內第一對新人得以跳傘結婚的關鍵人物，顯見當時傘兵作風的大膽與開放、勇敢與創意，實為當時陸軍部隊只能望其項背的份。當時的空軍為了成全這一個特殊的婚禮，還特別將一架編號 326 的 C-46 運輸機改裝成結婚專機，並由另一架伴飛，機上搭載包括"龍頭"的張輯善、趙富奇…等 12 名傘兵界的傳奇人物擔任儐相，一起從空中跳下為這一場世紀婚禮增添驚奇。

　　1959 年 12 月 12 日鄭清廉、馮秀英這一對情侶，就在五千觀眾齊聚的潮州空降場上完成這一項歷史性的婚禮，當時不僅台灣媒體；就連美聯社、合眾國際社、美國星條旗報、哥倫比亞電視台以及米高梅電視台都前來採訪此一舉世空前的跳傘結婚壯舉。當時為兩人證婚的證婚人是空軍聯隊長，也是獲頒過青天白日勳章的顧兆祥將軍，而男方主婚人為

俞伯音將軍、女方主婚人是屏東縣長林石城,這陣仗有沒有比現在國軍的集團結婚更高調、更令新人永誌難忘呢?

左｜在俞伯音將軍的推動下,當時擔任傘兵教官的鄭清廉帶著妻子馮秀英,成為國內首對以跳傘方式進行結婚儀程的新記錄。（Photo/ 榮民文化網）
右｜張輯善一家三口都曾是「神龍小組」的成員,能一起跳傘表演更是「神龍小組」中的一個特例。（Photo/ 空訓中心提供）

「神龍小組」雖然是一種任務編組,早期主要由教官組或抽調各訓練營的人員組成（視任務的規模大小）,但隨著國軍的組織精簡之後,目前基本上以教官組就能應付。任務的風險度高不言而喻,但成員嚴格的甄選程度,早已讓入選為小組的成員被視為傘兵中的一項至高榮譽,尤其是一家三口還曾經同時在「神龍小組」出勤的美談,也就是在國內傘兵界中素有"龍頭"稱號的首任組長張輯善上校。他從1944年在雲南昆明加入「傘兵第1團」後,直至1982年官拜上校退役,個人將近40年的軍旅生涯,除了保有國內最高跳傘紀錄（3,987次）外,其長子（張凱歌,服義務役時在「高空排」）、女（張凱樂,政戰學校畢業後任官）,都曾在同一時期為「神龍小組」的成員一起參與多年的示範、表演活動,

而令中外人士都不得不驚嘆。退伍之後的張輯善仍分不開最愛的跳傘，後來他還在翡翠灣擔任飛行傘的教官繼續翱遊天際，晚年更因在社群平台上分享一支示範如何做蔥油餅的影片而爆紅，還創下數百萬次的驚人點閱率，讓人不得不對這一位神龍的祖師爺肅然起敬！

而當年與「龍頭」張輯善教官擔任首次跳傘結婚儐相的趙富奇，則是從空軍醫務兵半路出家成為傘兵的國軍克難英雄，他在1951年獲選為「大陸特種聯合飛行任務陸軍小組」的組員，奉派至美國成立的「西方公司」，其任務是與空軍「第34中隊」（俗稱的"黑蝙蝠中隊"）合作出勤，他們在天黑時飛進大陸，天亮時離開，對中國實施情報偵察、護送敵後工作人員、空投物資…等機密特種作戰任務。這樣高機密的任務一直持續到1956年5月，趙富奇前後執行了200多趟危險性的飛行，連續3年榮膺國軍的克難英雄，也是最早完成100次跳傘的4位傘兵之一。在機密任務解編之後，原本有13位傘兵在隊內，但其中5人卻壯烈犧牲。在這之後，他又回到傘教組擔任教官職務，繼續跟他的降落傘續前緣，軍旅總計37年真是驚險豐富。

當中美斷交之後，儘管國際間已經越來越多國家承認中華人民共和國的政權，「神龍小組」卻是少數還能維持著對外宣揚軍威、拓展外交

與戰技展示的單位。甚至改制後的「陸軍空降特戰司令部」，還在 1980 年對外招聘女性人員成立了女性神龍跳傘隊。「神龍小組」的訓練，是出了名的嚴格，即使當時「女神龍」還是屬於聘僱人員的性質，身份並不是真正的軍職人員，但訓練與管理均比照辦理。隔年，包括有王月慧在內的 6 位女神龍完成訓練，隨隊在國內、外進行比賽、宣慰僑胞及活動表演的任務。她們高空跳傘最常表演的項目為定點著陸及花式跳傘（空中接力），由於相當受到矚目，因此一舉手、一投足之間都是媒體的焦點。這樣的過程一晃眼也過了十幾年，直到 1994 年才有首批的女性軍職人員（陳貴珍、徐家琪）成為「女神龍」，並以此為選員資格以利統一管理後才逐漸步入正軌；雖然陸軍早在 1967 年就誕生過首位的女傘兵（當時的孫樹佛少尉完成 5 次空跳，成為我國傘兵建軍史上第一位獲得傘徽的女性軍官），這項紀錄甚至比美國陸軍還早；而如果與鄰近的日本相較，國軍比日本「陸上自衛隊」（JGSDF）出現女傘兵的正式紀錄，那更是要早上半個世紀！[2]

---

[2] 1973 年 12 月 14 日，美國陸軍二等兵喬伊斯・庫奇（Joyce Kutsch）和麗塔・約翰遜（Rita Johnson），成為第一批從基礎空降課程結訓的女性士兵。而日本「陸上自衛隊」直至 2017 年才取消女性進入空挺團服役的限制，2020 年當時已 31 歲的橋場麗奈（Reina Hashiba）成為首位日本女性空降部隊的隊員。

左 │ 趙富奇是極少數被編入空軍「第34中隊」對大陸執行機密任務的傘兵，他所搭乘改裝過的B-26「掠奪者」（Marauder）轟炸機，數次從共軍的高射砲火中歷劫歸來。（Photo/ 黃竣民攝）

右 │ 當時服務於特戰總隊的孫樹佛少尉，於1967年完成5次空跳訓練，成為我國傘兵建軍史上首位獲得傘徽的女性軍官，還因此登上軍方雜誌的封面。（Photo/ 勝利之光）

　　軍職「女神龍」的甄選標準，以當時第一批入選的標準為例，在參加「神龍小組」之前，傘兵必須先完成基本傘訓（空跳高度1,250呎），還得完成俗稱「鐵漢傘」的特種地形跳傘訓練（使用MC-1傘具，攜帶約30公斤的裝備，空跳高度2,500呎），之後進入高空傘的訓練（空跳高度4,000呎），跳滿60次後才能接受「神龍小組」的訓練。而以當時首批軍職「女神龍」退伍，也是國內首位原住民「女神龍」的陳貴珍而言，她所參與的訓練與表演高達498次，這還不含基本傘訓5次、MC-1傘20次、特種地形跳傘6次、保傘連自摺自跳6次，這樣的紀錄絕對打趴一堆男性的傘兵。而其姊姊陳梅珍士官長，也是在「空訓中心」

服務多年,排灣族公主姊妹花一同是傘兵,也在當地的鄉野傳為佳話。

除了在國內、外表演以外,出國比賽得冠軍、拿金牌,光榮返國也是這一支部隊的另一項功能。當走進「空訓中心」的隊史館中,最吸睛的不是那些歷史演進的旌旗,也不是牆上琳琅滿目的演進照片,而是模特兒身上所穿著的不同傘兵服飾,但最令人意想不到的是竟然有法國傘兵所戴的紅色貝雷帽、在 F2 夾克右胸前佩著碩大銀色傘徽的戰鬥服,這在其中顯得格格不入!由於筆者先前也曾在法國受訓,基於好奇的心理去追問一番,原來還有這麼一段值得咱們光榮的海外賽事。早期傘訓中心的「傘教組」(「高空排」)編組人員可以說是臥虎藏龍,出國與其他國家部隊的跳傘競賽也沒丟人過,例如在法國所舉辦以紀念前「第9 傘兵團」(9e régiment de chasseurs parachutists)[3] 指揮官:皮埃爾・布休(Pierre Buchoud)上校[4] 的國際跳傘錦標賽,我國就派隊參與過幾次,而且成績都令外軍自嘆弗如;而館內這一套法軍配件完整制服的捐贈者,正是參與過其中二次賽事的退役中校張偉屏。

---

[3] 「第 9 傘兵團」算是法國最古老的武裝部隊之一,源自第 9 步兵團,打從拿破崙戰役就開始這一支部隊的征戰史。該團於 1956 年改編成為傘兵團,隨後參與過阿爾及利亞、黎巴嫩的戰事,1999 年 6 月法軍進行大整編後被裁撤。

[4] 皮埃爾・布休從二戰就戰功彪炳,戰後接任該傘兵團的指揮權,後因捲入「阿爾及爾政變」(Algiers putsch)而被監禁在巴黎東堡,後雖以無罪釋放但已被剝奪指揮權。

左｜「空訓中心」隊史館內展示的幾款具有紀念性服裝，可都是曾經叫得上號的人物！左1為法軍的F2夾克（張偉屏提供）、左2為傘兵特有的虎斑迷彩（駱貞俊提供）、右2為2009年高雄世運會的跳傘服裝（潘益龍提供）、右1為「神龍小組」為紀念建國百年，在總統府前廣場空跳時的服裝（黃指恩提供）。（Photo/ 黃竣民攝）

右｜空降部隊剽悍軍風下的世代傳承，張偉屏一家三代都與傘兵結下不解之緣即是一例。（Photo/ 張偉屏提供）

　　二戰結束後，法國組建了規模龐大的傘兵部隊，隨後並大量運用在海外殖民地的戰爭中，包括中南半島、蘇伊士運河和阿爾及利亞等處都有他們戰鬥空降的歷史足跡；尤其是在越南的「奠邊府戰役」幾乎是傘兵在擔任主角。而在法國西南部土魯斯（Toulouse）所舉辦的「第9傘兵團跳傘錦標賽」；亦稱為「布休盃」，競賽的內容不僅只有高空跳傘「定點著陸」（Accuracy landing）而已，還包括100公尺突擊步槍射擊和8公里徒手越野跑步等三大項（競賽項目的內容或路線每年會略有微調，基本大項則變化不大），成績也區分個人單項跟團體成績計算。

以高空「定點著陸」的項目而言，4 名隊員須在 4,000 呎高空做 5 次的定點跳傘，落點只有直徑 16 公分之圓盤，而只有落在圓盤中心 5 公分內的位置才算高手；而這個目標點也被稱之為"死點"（Dead center）[5]。我國派出的「神龍小組」隊員雖然操縱著性能較差的 5 孔傘具，得跟操縱著 7 孔傘具的法國等其他國家選手競技，技術程度上更得精湛才有辦法克服裝備上的落差，而我國參賽選手的表現卻也令法國教官組刮目相看。步槍射擊則使用法軍制式 5.56mm 的 FAMAS 步槍，這是法國傘兵部隊從 1970 年代末期大量配置的單兵武器，設計上擁有一個內含的雙腳架與 25 發子彈的彈匣，也就是因為造型獨特而素有"法國小號"暱稱的「犢牛」式突擊步槍。而當時我軍空降部隊所使用的是美造 M-16 自動步槍，除了槍枝的機械性能不熟悉外，更重要的是槍枝並沒有事先完成歸零。主辦方只給每人 10 發子彈實施野戰應急歸零，接著就是 10 發的實彈射擊，即便如此，我軍的參賽代表們仍然打出不錯的成績，顯見基本戰技的紮實程度。在 8 公里越野跑步方面，則受地理與氣候因素影響，算是給隊員們不同的場地體驗，也無緣好好一覽庇里牛斯山脈（Pyrénées）的壯闊。隨著世界傘具與技術的演進，今日的「神龍」反而難有機會出國去跟別國較勁，殊為可惜！

---

5 關於「定點著陸」中"死點"的尺寸大小，早先前從 10、5、3 公分一路縮小，從 2007 年開始則使用 2 公分的標準，如此作法是為了讓頂尖選手更容易分出高下。

左｜要能擠身成為「神龍小組」的一員，這一張高空跳傘的合格證書就是"門票"。（Photo/ 張偉屏提供）

右｜每一位神龍必經頂板凳的「翹板訓練」，才知蛻變成為神龍的艱辛。（Photo/ 空訓中心提供）

　　後來才得知，原來張偉屏的父親張騰雲，先前參與過東山島的突擊作戰，並因作戰英勇而獲先總統頒發忠勇勳章，後來還在傘教組擔任教官直至退伍轉任公職，果真是打從骨子裡就遺傳有傘兵的基因！張偉屏中校最後的軍旅職務竟然也是傘教組的組長，其生涯中跳過的基本傘（俗稱的"小菜"）次數為 71 次，高空傘的次數為 1,064 次，個人也發生過一次「半翻傘」的事故重摔落地，但經過一週的休養後，又重返訓練去遊曳穹窿了。懷抱著這樣的熱情，即便他在 2007 年退伍後，還持續在「空訓中心」擔任雇員老師一職，肩負著協助培訓下一代傘兵的責任仍不願放下。更值得一提的是，其子目前也在陸軍中最精銳的特種部隊；也就是俗稱的"涼山特勤隊"中服務，三代人都與傘兵有著密不可分的關係。

第三章
空降＋特戰的茁壯時期

左｜有道是"高空一分鐘、地上三年功"！每逢重大節日的表現全憑日常的訓練，隊伍末端穿著橘紅色跳傘連身服的是新進人員，鮮明的顏色有利教官們對動作的觀測。（Photo/ 黃竣民攝）

右｜「傘教組」在接獲任務後才會從中挑選人員編成「神龍小組」，因此人員能否出線取決於各自的操傘技術。（Photo/ 王清正提供）

　　在1980至1995年期間，堪稱是「神龍小組」最輝煌的時期，對於「僑泰演習」或其他特殊節日的活動，其任務編組可達上百人，表演的項目與規模均達到史上空前，包括空中疊傘、花式跳傘、定點跳傘⋯這些都在陸軍官校、湖口閱兵場等地留下光輝的記憶，也是資深一輩「高空排」成員最感驕傲的時刻。

在 1980 至 1995 年期間，堪稱是「神龍小組」最輝煌的時期，跳傘表演的規模動則上百人。（Photo/ 汪叔鑑提供）

　　迄今，「神龍小組」自成立，在國內已經成功執行無數次的跳傘表演，平時國慶與重要的營區開放活動，國人也常可以見到他們以精湛的操傘技術演出，也曾赴馬來西亞、西德、南非、美國、新加坡、法國、澳大利亞、約旦、瓜地馬拉…等國家參加超過卅場競賽。最近一場最值得紀錄的，不外乎是在 2011 年 10 月 10 日慶祝 100 年的國慶活動中，「神龍小組」又實施了一場空降在中華民國總統府前廣場的歷史性任務[6]，而帶隊跳出機門的正是時任「航空特戰指揮部」的副指揮官黃指恩少將，充分展現出傘兵一貫"身先士卒、臨陣當先"的幹部領導作風。

6　網傳張輯善教官曾於民國 39 年時就完成首度空降著陸於總統府之創舉，經查證後是一段誤會，當時他跳傘的地點，其實是中興大橋的淡水河沙洲。

第三章
空降＋特戰的茁壯時期

在民國 100 年國慶的活動中，由航特部副指揮官黃指恩少將（左一）親自帶領「神龍小組」組員，一起完成於總統府前廣場高空跳傘著陸的表演。（Photo/ 特指部提供）

在推廣「全民國防」的宣傳上，更與知名的 Discovery 頻道合作，拍攝一系列以特種部隊為主題的影集，也讓國軍中許多不為人知的訓練過程攤在全球觀眾面前；而陸軍的特戰部隊中，更不會錯過「神龍小組」。讓國人可以了解到一名傘兵在別上「神龍臂章」之前，訓員必須通過「高空滲透跳傘訓練班」的嚴酷考驗，在那一段為期約 44 週的訓期裡，訓員除了要忍受體力上的操練負荷外，更必須克服對高度的心理恐懼。畢竟這種高空滲透跳傘是戰術任務中極為困難掌握與訓練的一項，他們得全副武裝從高空中的飛機上跳出，在高速自由落體下熟練地以手腳姿勢控制身體的穩定，最後以開傘滑行的方式，潛入敵營，執行

突擊、特攻、武裝滲透⋯等任務，而這些都是組成神龍的「高空排」官兵所需具備的基本戰技。想要擠身成為「神龍小組」的一員，每一位都是高空跳傘身經百戰的勇士，而其中的訓練過程絕非外人所能想像！

「神龍小組」在國內的重要慶典、營區開放等時機，多會參與表演活動以做為軍隊公關的一環。圖為在自由廣場上舉辦「全國高中職校儀隊競賽」的活動，由當時「空訓中心」指揮官方裕原上校（圖中）所帶領的「神龍小組」應邀表演，以拉近軍隊與年輕學子的關係。（Photo/ 潘益龍提供）

此外，「空訓中心」在相對性敵情研究的功夫上也不馬虎，例如曾經風靡一陣子的動力飛行傘；也就是 2023 年 10 月初「哈瑪斯」（Hamas

大舉突襲以色列的利器。那些來自「卡桑旅」（Al-Qassam Brigades）麾下「薩克爾中隊」（Saqr Squadron）的傘兵，以 2 人一組紛紛乘坐動力飛行傘，成功地繞過以軍眾多高科技的防空系統雷達，並飛越分隔著「加薩走廊」（Gaza Strip）的隔離高牆，從地面策動進攻，猝然襲擊了加薩週邊的多個人口中心和軍事目標，為「哈瑪斯」殺出一次讓全世界震驚的戰例。而早在 2000 年初期，我國陸軍的特勤隊經試驗動力飛行傘之後，也在「空訓中心」內建立過師資種能。除此之外，許多三棲作戰的裝備（包括水中推進器、水中通話器…），也都是先經由他們測評過後，裝備才會建案採購及編制部隊使用。

左／右｜在相對性敵情研究的領域上，「傘教組」也承擔了裝備試驗的特殊任務。圖為當時操作的動力飛行傘。（Photo/ 王清正提供）

戰略轉變、驃悍不改

　　隨著中共成功研製出核子武器，「國光計畫」也在 1965 年達到最高潮，因為當年在駐台美軍的嚴密監視下，國軍在當年展開計畫案中最多次的模擬推演，不過陸戰隊實兵演習的重大意外與海軍接連在海戰上失利，後來連國際政治環境和軍事因素轉變，均不容許台灣再對中國大陸有逾矩的軍事行動後，反攻大陸遂成為一種不切實際的幻想，層峰最後於 1972 年才下令裁撤「國光作業室」，國軍的戰略構想更趨於務實在台灣的防衛作戰上。

　　在此期間，陸軍將原「陸軍空降步兵教導團」更銜為「陸軍空降司令部」，原本還想在之後的反攻大業上能夠一展身手，可惜隨著「國光計畫」的降溫，這一個番號在用了 9 年之後，也隨著大環境的改變，準備進入另一個組織調整的階段。爾後國軍為了統一指揮體系，將「陸軍空降司令部」與先前在 1958 年成立的「陸軍特種部隊司令部」併編，統一在 1974 年 4 月 1 日改用新的番號為「陸軍空降特戰司令部」。

　　併編後的「陸軍空降特戰司令部」下轄 4 支（第 24、31、42、63）特戰總隊和特戰學校、2 支空降旅，也是當時的"操人部隊"並以訓練嚴格著稱。當時的「陸軍第一特種兵」（習慣簡稱的"陸一特"），就是優先將傘兵、特戰…列為延長役期的對象（以行政命令的方式，在退伍同時另發為期 1 年的臨時召集令），也是陸軍最常拿出來檯面上與海軍陸戰隊較量的部隊，當"忠義驃悍、勇猛頑強"對上"永遠忠誠"的

戲碼，絕對是那一代服過兵役的男人之間最聊不完的話題；也成為當時役男抽籤時的噩夢籤！

舉個例子，一般人對於軍法官的刻板印象應該多是只會讀書的"學霸"，但曾任「中華民國退伍傘兵協會」理事長、現仍為執業律師的曹大誠（軍法學校6期）卻肯定會令人跌破眼鏡。他在服役時為「空降特戰司令部」的軍法官（已在國內完成基本傘訓），雖然在其服役生涯中僅有11次的跳傘紀錄，與其他傘兵相較之下或許根本就微不足道，但在展現軍威與國民外交的機會上，他的確是得天獨厚，而且鐵定能夠羨煞國內袍澤！

在難得的機會下，1976年曹大誠獲派至美國陸軍軍法學校高級班接受培訓，在美軍基地接受訓練時，當時中美之間還存有正式的邦交，因此可穿著國軍的制服一同受訓上課。然同為少校的一名美國海軍陸戰隊軍官，見他胸前還佩有我國的傘徽，便有點帶著輕蔑的眼光質問曹大誠說："敢不敢和他們一起跳傘？"（但要我國軍方出示核准的命令）此事經回報駐美武官團團長；也是當時知名作家的查顯琳將軍（筆名「公孫嬿」），卻反而被澆了一盆冷水。

如果以現在的解讀，其大意應該就是～"你這軍法官受訓就好好讀書就好，別另外給我搞那些543的了吧！"由於並未獲得正向的答覆，而且攸關國格軍威，因此在強烈的自尊心與榮譽感驅使下，曹大誠並不想在受訓的後續時日依舊被美軍學員這樣繼續藐視下去，因此決定將此案回報給國內的陸軍總部，時任陸軍總司令的馬安瀾上將反而很快就同意了。

左｜塔卡貝里於二戰期間（1942年）入伍，是美國陸軍中獲得勳章最多者之一，在官兵中享有"咕嚕天使"（Grunt's angel）的外號。（Photo/US Army）

右｜美國陸軍空降部隊當時也使用YC-7A「馴鹿」運輸機從事空降訓練，該機具有短距起飛／著陸（STOL）能力，它曾在越戰期間發揮了戰術運輸機的作用，因為當時較大的C-123與C-130運輸機無法降落在較短的跑道上。（Photo/黃竣民攝）

取得國內同意跳傘的命令，經過美方給予簡短的地面動作複訓後，就在4月30日的「法律日」（Law day）活動當天，正巧也是「第82空降師」官兵跳傘複訓的日子，複訓當日領取了800多副傘具，於是曹大誠成為難得能與時任「第82空降師」師長的湯瑪斯・霍華德・塔卡貝里（Thomas Howard Tackaberry）少將[1]，以及其麾下官兵一起搭機跳傘的國軍軍法官。回想起當時的瘋狂紀錄，迄今曹大誠仍然是意氣風發，因為在北卡羅來納州（North Carolina）「第18空降軍」的駐地「布拉格堡」（Fort Bragg）[2]內，就設有兩座機場；其中的「波普機場」（Pope

---

1 他在官拜中將退休後，曾在私人企業中來台為國軍提供諮詢服務，其中之一的顯著貢獻，便是為特種部隊重新搭起交流的管道。

2 2024年起已更名為「自由堡」（Fort Liberty）。

Field）的運輸機群，就是提供空降軍部隊日常空降（投）訓練任務使用，而空降場就位在機場西方約12公里的「西西里」（Sicily）空降場[3]。當天上午，他便在這兩處地方來回奔波；從機場穿傘具登上C-7「馴鹿」（Caribou）運輸機、到空降場跳下、再搭車回到機場穿上新傘具、登機起飛再跳下…一個早上重複了五次，終於完成了這一項"壯舉"！事後美軍「第82空降師」也頒給他傘徽與證書，當時也有影像紀錄，因此也成就了這一項難得又罕見的新紀錄，除了讓外國軍官不敢再藐視他；也十足達到了宣揚我軍軍威的目的。

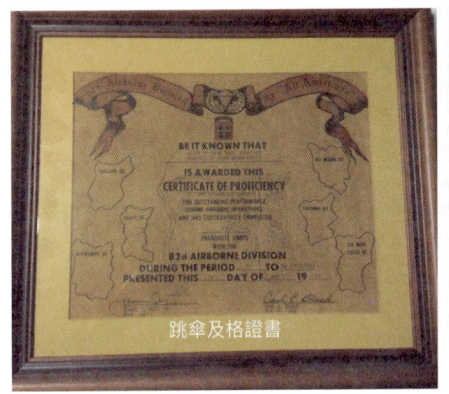

左 | 曹大誠少校在一個上午完成5次跳傘後，獲得美國陸軍第82空降師所頒發的證書。（Photo/ 曹大誠提供）

3　由原「布拉格堡」更名的「自由堡」，基地內設有幾處空降場，包括：「西西里」、「荷蘭」（Holland）、「諾曼第」（Normandy）、「聖·梅爾·埃格利斯」（St. Mere Eglise）、「薩萊諾」（Salerno）和「全美」（All American）；都是以二戰時期著名的傘兵空降戰役的地點命名；其中又以「西西里空降場」的範圍最大（長2.5哩、寬0.5哩）。

右｜迄今，駐在北卡的「自由堡」傘兵部隊依舊保有「法律日」跳傘的傳統。（Photo/ US Army）

　　「陸軍空降特戰司令部」這一塊招牌一掛就超過25年，也創下了國軍自傘兵部隊成軍以來所使用的歷屆番號中最久的一個。這當中歷經最大的轉折乃是「靖安專案」，因為國防戰略的調整，從攻勢戰略調整為攻守一體、以守為重後，精銳的特戰部隊任務必須重新定位外，國內政治環境的重大變化，讓這一支部隊也扮演成國內治安與鎮暴特遣部隊的種子。當時的民主運動人士在政治上取得進一步的成果，而民主運動的群眾抗爭事件興起，如「中壢事件」的衝突規模也越來越大，更暴露出警察與警備總部在人員、裝備與訓練上的不足。

　　因此在1979年決議將「陸軍空降特戰司令部」麾下的原3支特戰總隊改編為十餘個憲兵營，任務為「警備治安機動支援」；而「特戰第63總隊」則改編為「空降第53旅」，幾個月後也改編為數支憲兵營，幾乎將當時憲兵的總員額增加4成；同時將「特戰學校」與「空降訓練中心」併編為「空降特戰訓練中心」⋯⋯。雖然也納編「陸軍航空指揮部暨航空訓練中心」，但經「靖安專案」組織調整後的「陸軍空降特戰司令部」，員額僅剩原來的6成了（從約15,000名移編到僅剩約7,000人），精簡幅度頗大，而且原本「崑崙案」[4]中移防東部的規劃也無疾而終。

4　「崑崙案」可以說是我國國防戰略轉攻為守的組織調整指標，而過去美軍協防台灣所採用的「樂成」作戰計畫，後來也改為現在軍方所熟悉的「固安」作戰計畫了。

不過不得不說，空特部的瘦身讓憲兵單位一方面有足夠的強悍兵源，得以從中篩選出菁英戰士，為新組建不久的首支特勤隊--「憲兵特勤隊」注入生力軍。

當「陸軍空降特戰司令部」移出了原敵後特種作戰的兵力，卻也獲得了陸軍航空部隊的補充，也算是為跨出下一個階段與世界潮流接軌做準備。隨著美軍第 101 空降師在 1974 年改編為「空中突擊」（Air Assault）的型態，雖然這種空中突擊的進攻作戰概念早在二戰中就被德國傘兵實踐，但當時採用的輸具是滑翔機，後來才發展出直升機取代滑翔機的功能。該師在美國陸軍「空地一體戰」（Air-Land Battle）學說中佔有一席之地，這種由高度機動的隊伍組成的空中突擊部隊，能夠深入敵後縱深地區，出其不意地與敵交戰，快速打擊敵人最脆弱的防線，也讓各國隨之仿效，而我國便是其中之一。

我國的陸軍航空隊成立於 1956 年，早期多為操作觀測、聯絡用的機種，主要並非用於直接的戰鬥，而是擔負偵察、聯絡和協助砲兵前進觀測官修正射彈…等作戰支援的任務。隨著機種的改變與擴增，之後成立了所謂的「機動中隊」，才開始讓陸軍有垂直作戰的能力，此期間還有蔣緯國將軍的牽線，讓德籍顧問團人員也在幕後積極地參與。因此陸航的空中機動作戰準則，可以說是融合了美國與西德陸軍航空部隊的精華，在 UH-1H 直升機大量服役後，陸軍也開始在特戰與步兵部隊中新增了機降作戰的訓練科目，以完成對目標區兵力投送的執行力。陸軍航空兵隨著機隊的功能日益完整，於 1976 年擴編為「陸軍航空指揮部」。

3年後，該部移編至「陸軍空降特戰司令部」麾下，也正式宣告我國進入「航空」與「特戰」結合的時代，空中突擊作戰的能量開始積累。

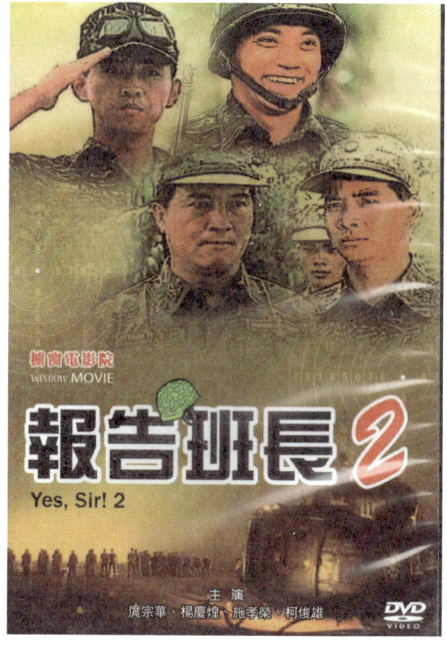

左｜1970年代空特部還曾配發獨特的虎斑迷彩服，與陸戰隊的虎斑迷彩又有差異，可以說是當時陸軍配發迷彩服的少數單位。（Photo/ 特指部提供）

右｜隨著軍教片的風行，當時以空降特戰部隊為故事背景所拍攝的《報告班長2》電影，迄今仍是軍教片中最膾炙人口、票房最佳的系列電影之一。（Photo/ 翻攝電影海報）

特戰部隊時期的獨立傘兵旅（62、71旅）彼此存在著良性競爭的關係，但戰鬥力絕對是當時陸軍的頂尖，也是陸軍當時唯一有配發類似海軍陸戰隊虎斑迷彩服的單位，也是使用美造M-16步槍的單位，在國慶閱兵、僑泰演習、師/旅對抗…等各種場合中，傘兵都是被關注的焦點，

第三章
空降＋特戰的茁壯時期

而官兵自身所呈現的優越感以及對於單位的榮譽感、向心力溢於言表。搭配時下軍教片《報告班長 2》（Yes, Sir！2）電影的推波助瀾，陸軍空降特戰部隊的山地特戰訓練才更廣為人知，"忠義驃悍、勇猛頑強"的部隊形象也更深植社會人心；甚至連當時特勤隊的副隊長（藍爰虎）也客串演出。反觀近年來所拍攝出一系列的"走鐘"軍教片，實在無法與之相提並論，而那些當時劇中的經典台詞，迄今仍深深烙印在資深一輩的觀眾腦海裡。

之後，發生於 1990 年 10 月下旬預計機降於釣魚台的「漢疆演習」，是近年唯一一次瀕臨實戰的行動。當年高雄市舉辦的區運會，地方政府官員試圖將區運聖火傳遞至釣魚台，結合「保釣運動」並宣示主權，甚至還在事前秘密動用了空軍派出 2 架 RF-104 偵察機前往偵照，成為少數我國軍機進入日本領空的案例之一[5]。然而載有區運會聖火的船隊，在逼近釣魚台島約 5 浬的海域時，即遭到日本「海上保安廳」約 13 艘各型艦艇＋直升機的層層攔阻，聖火船隊雖然一度與其僵持不下約 4 小時，卻仍然無法突出日本「海上保安廳」的重圍以致無功而返。這下子，由「空特獨立 62 旅」官兵約一個排所組成的「漢疆突擊隊」，原本欲趁勢在台灣區運聖火登釣魚台島嶼宣示主權之際，將採取搭乘直升機機

---

5 當次的偵照行動是由當時的張延廷少校、丘育才上尉（僚機）執行，旨在確認釣島上的日軍軍事佈署，是否可能危及聖火傳遞的活動。

降登島，並在島上插國旗與破壞日本既設燈塔及硬體設施的特別行動，宛如台版的韓國電影《實尾島風雲》，只差結局沒有那麼悲壯而已，但的確也是當時能參與該特殊行動的弟兄們，心中所留下的一種遺憾！

有趣的是在詭異的政治環境現實下，該項機降突襲釣魚台的登島計畫，最後成為了一樁官方既不能「否認」；又不敢「承認」的歷史奇異事件。儘管事過境遷都已經超過卅年了，官方仍沒有檔案可供外界查詢，只剩下前後任的三軍統帥在各說各話，和當時參與事件的人員，在退伍後出版著作才透露的一些計畫內容與訓練細節，仍讓後人為其愛國意識所感佩。

目標是登上釣魚台的「漢疆演習」，最後也成為一場懸案！(Photo/Al Jazeera)

沒有三兩三，哪敢進"涼山"

我國雖然成立多支的特種部隊，但真正有機會派上用場的機會卻很罕見，唯一一件較廣為人知的的出勤事件，莫過於發生在 1987 年年底對台東和綠島監獄暴動的鎮壓；而且是還不只動用了一支（海軍陸戰隊及憲兵的特勤隊均有參與），這也才讓國內最神秘的特勤隊、坊間俗稱是"涼山上住著一群鬼"的「陸軍特勤中隊」給曝光。

左｜德國爆發「慕尼黑慘案」後，世界各國開始大力組建特勤隊以應付非傳統的恐怖行動，西德的「GSG-9」便是其中的一支代表。（Photo/Bundesarchiv）
右｜陸軍的「高空特種勤務中隊」曝光程度遠比憲兵與海陸特勤隊低，但名聲卻更響亮，因此讓人稱的"涼山一群鬼"更具神秘感。（Photo/ 尖端科技軍事雜誌社提供）

回顧國際時勢，從 1970 年代開始，多支激進派的組織頻頻在世界各地發動恐攻及劫機事件，尤其以 1972 年 9 月在奧運會期間所發生的「慕尼黑慘案」為指標性案例，這也成為加速推動反恐特勤部隊組建的催化劑。當時各國為了應付這類的情況，除了強化各機場的保安系統

外，更是如雨後春筍般地成立相關類型的特種部隊，以處理這一類的危機事件。而我國在特勤隊的組建歷史上，堪稱元老級的是「憲兵特勤隊」（1978年7月3日成立，也是外界熟知的"夜鷹部隊"），之後是「海陸特勤隊」（1980年11月1日成立，也是外界熟知的"黑衣部隊"），而最後才是「陸軍特勤隊」的"涼山特勤隊"（1980年11月3日成立）；首任隊長為黃海彬（後來官拜陸軍中將副司令退伍），在軍中則以「自強中隊」為代號稱之。

左｜駐紮在屏東「涼山營區」的「陸軍特勤中隊」是陸軍中最精銳的一支特種部隊。（Photo/ 航特部提供）
右｜實施夜間高空滲透作戰時的標準穿戴，前方為供氧機（在 15,000 呎以上的高空時需使用）。（Photo/ 黃竣民攝）

這些特勤隊除了參照先進國家特種部隊的編組及訓練模式施訓外，也經常邀請國外專家進行交流，使這些特種部隊能夠執行那種新型態、非常規威脅下的反突擊、反劫機、反劫持、反破壞等警備治安的特殊勤

務。也由於這樣的單位極具神秘色彩,坊間又難窺視其內部編裝、訓練等相關資訊,才會以"黑衣部隊"、"夜鷹部隊"、"涼山一群鬼"…等口耳相傳,更加深其神秘感。雖然國內這三支特勤隊伍是各有所長,名號也都響叮噹,但國人最感興趣的還是「涼山特勤隊」,因為他們幾乎跟外界隔絕,也不參與媒體的活動,即便不得已得在公眾面前出現,隊員也都是蒙面或者是戴著面罩。因此,在坊間絕大多數的訊息,幾乎可以說都是捕風捉影、穿鑿附會之說,或許也就因為這樣,反而讓這一支部隊一直都披著最神祕的面紗。

陸軍這一支特勤中隊長駐在屏東的涼山部落(Wakaba),其實日據時期日本人稱「wukapa」,光復之後才改稱為涼山,依現在的行政區劃為屏東縣瑪家鄉涼山村,附近就有全台著名的涼山瀑布;而名為瑪家龜殼花的這種劇毒蛇類,最早就是來自屏東縣瑪家鄉的標本。所有隊員對於營區生態環境的原始性早已習慣,雖然營區內常見毒蛇(如百步蛇、龜殼花等)橫行,但遇上了這一群"鬼",恐怕成為桌上佳餚的機會會多一點!

在走過老舊寫著「勝利門」大字的隧道後,印入眼簾的這一座相當不起眼的營區,著實讓人無法與全國最精銳的部隊做出連結啊!不過隱藏在這山林之間的營區,在以前還是「陸軍空降特戰司令部」的時期,可是司令部的指揮所位置所在。早年(1970-80年代)由救國團所規劃的戰鬥營活動,在「涼山營區」舉辦的「虎嘯戰鬥營」暑期營隊,可是很多當時年輕學子的共同回憶。學員在營隊訓練期間,前往山地戰技

館，由特勤隊教官教授繩結法、垂降、擒拿⋯等特種戰技的相關技能，由於大受歡迎，每年暑假每一間學校僅限 2 個名額，讓當時的學子根本就搶破頭（限量總是殘酷的）；救國團後來因為報名人數實在太多，還必須特別將「虎嘯戰鬥營」分成南、北兩營開辦，以消化那多出來一倍的名額。

左｜「陸軍特勤中隊」是陸軍中的快速反應部隊，從接獲命令之後要迅速完成出發（登機）準備。（Photo/ 航特部提供）
右｜坊間流傳"涼山住著一群鬼"，或許是恭維，但也是事實，他們具備殺人於無聲的功夫。（Photo/ 航特部提供）

「涼山特勤隊」在成立之後，唯一一次成建制動用於非軍事行動的案例；也是坊間大家所熟悉發生於 1987 年 11 月的「岩灣事件」和綠島監獄暴動的鎮壓。這一項支援「台灣警備總司令部」代號為「1126 專案」在台東的鎮暴行動，也創下政府派出三支軍方特勤隊（「憲兵特勤隊」、

「陸軍特勤隊」、「海陸特勤隊」）的首例，這也才讓「涼山特勤隊」這一支神秘的部隊被外界知曉。儘管今日早已事過境遷，當時的受刑人後來更在國內的娛樂圈與政界呼風喚雨；反而當年奉命執行鎮暴的特勤隊員們多被禁聲，失去了事後對於還原事件真相的權利。

對於塵封已久的往事，雖然媒體曾透過當事人單方面的片面闡述，不過事件當時的是非原委，在現今的社會氛圍下，似乎也沒有多少人真的會去在意了。畢竟，當時台灣已經執行了 38 年之久的《臺灣省戒嚴令》，也才在那一年的 7 月中劃下句點，對於美國要求我國加速實現民主政治的呼籲，也算是做出了最正面的回應。而這或許也勉強只能算是台灣真正走向民主過程中的一個"傷疤"，讓它隨著時間慢慢去癒合。

左｜隊員均具備武術的基底，讓近身搏擊與徒手的格鬥上也能發揮致命效果。（Photo/ 航特部提供）
右｜特勤隊的十八般武藝之一，當然也包含 CQB。（Photo/ 航特部提供）

如同「憲兵特勤隊」一樣，「陸軍特勤隊」組建時的成員，主要是由當時空特部麾下的獨立第 62、71 旅部隊中，挑選體能戰技表現優秀

者去接受儲備訓練；而早期時的訓練期程還長達 11 個月。訓員到儲訓隊報到時得先接受體能戰技的測驗，其標準大致如下：5 千公尺（22 分合格）、單槓（12 下合格）、500 公尺障礙（2 分 30 秒合格）、手榴彈基本投擲（40 公尺合格）。進入之後的訓期當中，會區分成 3 個階段，第一階段置重點在體能訓練、第二階段注重個人戰技、第三階段則為綜合訓練與測驗。在各階段時還會有分段的汰除制；最後會由國防部派員來隊上實施期末測驗。

以當時的時空背景，儲訓隊員即使經測驗合格後，其役期必須還要有 5 年以上始能成為"正式隊員"，因此如果訓員不簽留營者，則只能被稱為是"留用人員"[1]處理；也就是不能領取「特勤加給」。除了體能外的身家調查也較繁瑣，首先當然不可有刑事案底之類的紀錄，畢竟在特勤部隊中如果上演《無間道》的劇情，那可是不得了的事！說真格的，如果都被操成那樣了，光是加給都超過義務役的薪資，應該很少人真的會是來白白被操，美其名是來"挑戰自己"的吧？

該隊隨後於 1999 年時，為因應國軍「精實案」的新一輪組織調整，納編了空特部的「高空排」[2]後，更改番號為「高空特種勤務中隊」並沿用迄今，直屬於「航空特戰指揮部」。而在國軍邁向全志願役轉型後，特勤隊的人力來源也有了重大改變，失去了從廣大義務役中選員的途

---

1 例如知名樂團「動力火車」中的歌手顏志琳，就曾經是該隊的"留用人員"。
2 也就是對資深一輩而言較為熟悉的「神鷹排」，他們專門跳高度介於 15,000 至 35,000 呎「高跳低開」(HALO) 的高空滲透傘。

徑,改由每年向全軍甄選,以符合志願役長留久用的目標。到了2016年,在最近一次的組織調整案中,則改隸至陸軍「特種作戰指揮部」麾下。

　　有鑑於國內兵役制度的大轉型[3],該隊因此也必須在訓練的流路上做了適當調整,訓期改為8個月(32週),一樣維持三個階段進行。當儲訓人員報到後,參訓的基本體能測驗標準包含:3千公尺徒手跑步（12分45秒）、伏地挺身50下（兩分鐘）、平板撐體（2分30秒）、單槓（6下）、100公尺游泳（5分鐘內、姿勢不限）。看這進訓的體能標準與國軍先前的三項基本體能頗有差距,自然也不會有所謂的「替代項目」蒙混過關。隨著訓練強度的增加,當訓員進入第二階段時的體能狀況合格標準則提升為:3千公尺武裝跑步（11分10秒）、單槓（22下）、伏地挺身（70下）、平板撐體（4分整）。

　　而在儲訓期間的訓員也有一堆特殊的規矩要遵守,例如:不能稍息,只有立正;看到隊上所有人都得要敬禮,即使是伙房兵;也不能說你、我、他,只能說"學生…"（這倒是跟早期官校的入伍生訓練很像）…這些隊規如有違犯,通常都會以"連坐法"施予正拳伏地挺身…等體能訓練,以隨時隨地加深訓員的記憶！由於訓員是自願申請來"拔階參訓",所以在這種隊上沒有階級的就是菜鳥,這馬上會令人聯想起～"神仙、老虎、狗"的比喻,訓員在這8個月就是得過著"狗都不如"的生活！

3　自2013年2月起,役男於1994年1月1日起出生者僅須服4個月的軍事訓練役。

左｜「勝利門」雖然已是個老舊的隧道，但是對於儲訓隊參訓的學員而言，恐怕是一輩子都忘不了的一道關卡。（Photo/ 黃竣民攝）

右｜申請進入儲訓隊參訓的官士兵都得先拔階受訓，「階級」與「尊嚴」，在施訓教官的眼中根本就不存在。（Photo/ 航特部提供）

除了體能以外，在戰技上也有要求的標準，例如在射擊科目方面，第一階段強調基礎射擊的項目，訓員得掌握手/步槍的射擊要領；進入第二階段時的訓練重點則是緊迫快速反應射擊。訓員除了必須在時限內射擊完畢外，還有命中率的要求。例如：手槍障礙射擊（射擊 15 發，命中 13 發合格）、步槍障礙射擊（射擊 15 發，命中 13 發合格）、手/步槍應用射擊（射擊 29 發，命中 26 發合格）。武術訓練也是基本功夫，主要施以基本拳腿摔法為主，以及型場（品勢）的動作演練，所以跆拳道、柔道、散打搏擊都樣樣不缺，使得參訓者更能體悟到武術意涵與武德精神。

左｜"別犯錯，犯錯就有你受"，學員得牢記一人疏忽便會導致全體受罰，教官絕對會讓學員的腦子長記性！（Photo/ 航特部提供）

右｜小組操舟、頂舟的訓練樣樣不缺。（Photo/ 航特部提供）

在各階段的評鑑內容主要區分為：（1）階段測驗：體能戰技、專業專長。（2）教官考核：平日生活、學習態度、品德。（3）同儕考核：領導統御、團隊合作、人際關係、學習情緒。（4）期末測驗。而最後的期末測驗階段，則是置重點於小部隊特種作戰、城鎮作戰及特戰職能綜合訓練…等科目，並規劃有期末任務鑑測，以評估檢視儲訓學員們的訓練總成效。這種採連續想定、分段演練的期末任務鑑測方式，訓員得在5天俗稱的"地獄週"任務期程中，完成包含計畫作為（由儲訓隊編組任務隊，依據想定內容完成相關各階段的作戰計劃）、滲入階段（過程包含晝/夜間定向越野、負重行軍、晝/夜倒置訓練、夜間偵察、遭敵追擊…等）、目標區行動（人質救援、戰場抗壓訓練、戰傷救護、城鎮作戰、戰鬥巡邏…等）、滲出階段（遭敵追擊、定向越野等）及戰場環境模擬訓練課程等特戰綜合職能科目。計分的模式是將上述三項分數的比重換算後，總和成績需達90分（含）以上；其困難程度是一般的役男們難以想像。

左／右｜儲訓隊的最後考驗是"勝利路"，包括：正拳老漢推車、污水溝三行三進⋯等項目，讓訓員苦不堪言。（Photo/ 航特部提供）

　　訓員完成這些期末鑑測的考驗之後，會象徵性地通過「勝利門」[4]走回營區，但這還不算是結束喔！如同海軍陸戰隊「兩棲偵搜大隊」克難週最後一關的"天堂路"、陸軍「海龍蛙兵」的"硬漢路"，「陸軍特勤隊」儲備訓練的最後一道關卡，則是被稱為"勝利路"的信心測驗。考驗的動作主要區分約 10 個科目，有個人得自行完成的項目（如：正拳老漢推車、嬰兒趴、污水池三行三進⋯），也有需同心協力完成的項目（如：拉軍車、枕木操、翻卡車輪胎⋯等）。隨後便舉辦簡單的結訓典禮，讓訓員光榮地掛回受訓前的階級章。

4　「勝利門」其實是位於營區外全長約 140 公尺、高不到 5 公尺的老隧道，早期可是唯一的聯外道路，一出隧道口便可看到「尚武求勝、自強不息」的牌坊。

第三章
空降＋特戰的茁壯時期

由於訓練期間，儲訓隊也採用美軍同儕不計名互評的機制，因此在訓期結束後才會召開評議會，以確定個人的各項成績均合格達標、品行操守也沒問題後，才會同意授予結訓證書；而非「完成訓練」就代表你能「結訓」（取得證書）！而能否順利「正式入隊」又是另一碼的事了，因為這三樣都是"不等於"的喔！訓員得先完成8個月的訓練都達標、取得證書、待司令部完成調線作業，人令生效佔缺、納編為正式隊員後，接下來才會由隊長別上特勤隊的隊徽和期別徽，正式成為「陸軍特種勤務中隊」的一份子；並支領用血汗換來的「特勤加給」。想知道能從涼山儲訓隊結訓的合格率嗎？其實從創隊迄今，平均下來只有20%左右（等於每年只有10人左右，有機會成為「陸軍特勤隊」的隊員），難度可想而知！

左｜快速、準確的射擊只是基本功，隊員還得熟悉各種槍械與姿勢的射擊。（Photo/ 航特部提供）

右｜在武嶺實施的山寒地戰鬥訓練課程，罕見隊員們攜帶的是衝鋒槍。（Photo/ 航特部提供）

那真正成為一名隊員後，在隊上的生活會有那些改變呢？除了恢復階級、獲得特勤隊員們的認可、領到特勤加給外，最特別的就是讓人真正有"名留隊史"的感受！因為一走進隊史館，裏頭除了陳列著玲瑯滿目的獎盃、對外交流的紀念品、部隊沿革照片…外，還有一個獨特但卻有趣的陳設，那就是創隊迄今所有隊員的銅製名牌。走過那麼多單位的隊史館，只有這裡的榮譽真正是屬於所有隊員，也只有這支隊伍認真地實踐了全隊是榮辱與共的信條，向心力強的可怕。別以為這是一件簡單的事，創隊迄今，走過四十多年的歷史，全台灣也只有4百人左右有資格在此留名啊！

左/右｜不管是海上操舟、山地垂降，身為一名合格的特勤隊員得具備上山下海執行任務的能力，嚴格的訓練絕不可少。（Photo/ 航特部提供）

　　儲訓隊學員更別天真地認為完成儲訓隊的訓練就是終點喔！那就大錯特錯了，因為那只是進入特勤隊訓練流路的第一階段而已，接下來還

有「駐地訓練階段」（應用射擊、繩索、武術⋯）、「專精訓練階段」（射擊、RA-300高空滲透傘訓、水域訓練⋯）、「基地訓練階段」（狙擊、「天威測考」⋯）、「友盟交流階段」（派外參訓、專家交流、機動輔訓、人員互訪⋯），真正要完整地走上一輪可是需要3年的時間，才能讓隊員完成各項訓練變成一名真正"合格"的特勤隊員。

左｜以高空滲透的方式對目標進行縱深突襲，本來就是涼山特勤隊的強項。（Photo/航特部提供）

右｜1980年組建初期，「陸軍特勤隊」就是將空特部的偵搜中隊與特勤連下的潛龍排合併，因此坊間也將此比肩美國海軍的「海豹小組」（Navy SEALs）。（Photo/黃竣民攝）

除了跟美國的特戰部隊屢有交流外，「涼山特勤隊」最有話題性的是先前還多次派隊員前往中美洲，也開啟台灣與貝里斯軍事訓練交流的篇章。那幾批在貝里斯接受其國內最高級別的「叢林戰教官班」

（Jungle Warfare Instructor Course, JWIC）訓練，考驗學員的不僅是基本的野戰求生與戰技，還有肩負著拓展邦誼的重任，藉這機會也能讓外軍的特戰人員見識到國軍精實訓練的一面。要知道貝里斯境內瓜卡馬洛（Guacamallo）的「松樹嶺」（Mountain Pine Ridge）訓練區，可是貝里斯、墨西哥、美國、德國、荷蘭、加拿大、法國和英國軍隊用於叢林戰訓練的嚴苛場域，環境之凶險眾所皆知（充斥著猛獸、毒蛇、毒蜘蛛、毒蠍子、毒蚊、有毒植物…的環境），在課程設計上充分結合了山區叢林地形中的生存和高強度訓練的豐富知識（課程包括健康和衛生、通信、導航、命令、垂降、生存、水域以及更多叢林和軍事作戰的戰術），其訓練過程的嚴峻程度絕對是國際軍事界所公認，要能完成這樣幾週的訓練，訓員在生理和精神上可都得是一等一的好手才行。

在那個國土只有台灣的 2/3 大、全境卻有 75% 的熱帶叢林地形、高濕高熱的生存環境外，在為期約 6 週的訓練期間，在體能測驗的部分包括 2 分鐘伏地挺身、2 分鐘仰臥起坐（抱胸）及 2 哩跑步，其標準與國軍各階層的滿百成績差不多，60 磅（不含槍枝、彈匣及飲用水）的 8 哩（約 13 公里）負重行軍，此測驗不分年紀/性別均為 1 小時 50 分合格，如果在時間內未能及時到終點報到，教官會立即判定學員未完成測驗（該訓練無補測制度），成績表為空白（這意思是比 0 分還不如）！

左 / 右｜位於貝里斯的叢林戰訓練課程，是目前各國軍方一致所公認為最難熬的訓練之一。（Photo/UKRN）

而該訓練最著名的特色之一，就是「不合理」！舉例而言：學員在三餐用餐之前必先接受 1-2 小時的劇烈運動，結束後直接"搶食"，以模擬戰場劇烈交戰小憩時隨時得補充能量之景象（沒有一餐例外）。野外求生訓練的 48 小時相當豐富，學員不僅沒得進食（只能有限飲水），也沒有辦法有片刻的睡眠，期間還須小組合作製作教官規定數量的陷阱及遮蔽處（個人只能攜帶山刀）；而叢林小部隊戰術也與美軍的做法有差異，置重點於詭計 / 詭雷的製作。而定向越野的項目，學員只能依賴地圖及指北針於 5 小時內，在 4X4 公里的範圍內依照順序找到教官設置的 6 個點。夜間襲擊（不使用夜視鏡）、河流船隻巡邏隊形及與敵交戰處置、急流渡河訓練（河寬約 100 公尺）。完成 2 天不眠不休的訓練後，

還有戰俘訓練（訓員為必然的戰俘）、射擊訓練（高壓力下精準射擊）、戰傷救護及傷患後送（叢林至接送點只能徒步 8-10 公里，以模擬交通工具無法到達叢林交戰區）。最後還有 10 天 9 夜的期末演習，期間不定時有假想敵襲擾，且無任何補給。

根據訪談受訓學員的回憶，光是搭乘班機飛往貝里斯的過程就非常艱辛，但是下機後卻連調適（時差）的時間都沒有，直接換乘破爛的軍卡搖晃了 2 個小時後才抵達叢林訓練中心，教官隨即分發了武器和簡易的裝備之後，惡名昭彰的訓練便開始了（在這段訓練期間內完全不能休假、也沒有所謂的"不合理打罵"）。參訓人員除了得忍受潮濕、雨水、汗水更替導致發臭的衣著、令人窒息又無風的酷熱、沼澤毒蟲、凶猛動物危害、有毒動／植物充斥的環境，拖著疲勞的身體，隨時警戒不敢鬆懈的神經…訓員還必須嚴格注意自己的健康和衛生狀況，並做好長期負重的準備。在野外求生課（只給一把刀、水壺跟淨水錠），完全沒有一絲憐憫的態度，而最難忘的是「戰俘訓練」；那種模擬行動失慎被抓後的嚴刑拷打（俗稱的"蓋布袋"），並用真槍實彈頂住腦門的逼真審問訓練，才是學員從未有過的心理震撼，迄今仍深深烙印在腦海裡。

第三章　空降＋特戰的茁壯時期

左｜作為友盟交流的項目之一，即使是在中美洲的叢林，涼山特勤隊隊員的表現一樣能令外軍刮目相看。（Photo/ 航特部提供）

右｜在貝里斯施訓的「叢林戰教官班」，是該國最高級別、同時也是以艱苦聞名的訓練，通過者才能獲得臂章。（Photo/ 航特部提供）

　　今日的「陸軍特種勤務中隊」，致力於建構不對稱作戰與有效嚇阻之反制戰力，擠身於世界菁英反恐部隊之林。因此提升三棲滲透突擊、應援作戰、特種搜救與聯合特種作戰的能量，並強化斬首、反斬首、維安與反恐行動的能力為主要任務。為了能順利執行這些特種勤務，隊上的裝備具有一定程度上的採購彈性，光是所使用的槍械就玲瑯滿目，這些包括：T-75K3 特戰版手槍、T-77 衝鋒槍、「克拉克」（GLOCK）19 手槍、T-91 突擊步槍、「莫斯伯格」（Mossberg）霰彈槍、多功能榴彈發射器、「巴雷特」（Barrett）M107A1 狙擊槍⋯等。其中還有可變換不同口徑槍管，由英國「精密國際」（Accuracy International）槍廠所研製出的 AXMC 模組化多口徑步槍，這可是參與「美國特種作戰司令部」

（USSOCOM）下「精密狙擊步槍」（Precision Sniper Rifle, PSR）案的產品，顯見美軍特種部隊也認可它的性能。另外，還有目前僅裝備給少數單位的 T-75 SFAW 特戰版班用機槍，最特別的就是那 1 百發子彈的彈鏈袋，讓火力發揚更持久。有這種軍械室，看了真是令人羨慕啊！

左｜特勤中隊所使用的槍械，簡直羨煞一般部隊。（Photo/ 黃竣民攝）
右｜新採購的 T-75 特戰版班用機槍，縮短了槍管、採握把兼腳架用途的合一設計、並增加了容納 1 百發子彈的彈鏈袋，讓火力發揚更直接。（Photo/ 黃竣民攝）

當友盟交流日漸頻繁，「陸軍特勤隊」也逐漸接受美軍特戰六人小隊的概念，也就是區分前觀（協助砲兵彈著修正、狙擊手觀測）、前管（執行地空通聯申請密支）、狙擊（具備遠距離精準射擊）、爆破（獨立執行基礎與特種爆破）、通信（對上 / 下級及友軍聯絡、定位與通信中繼）、救護（戰傷急救）為六大核心職能，在課程設計上列為必訓重

點。這樣的發展趨勢,也讓特勤隊在組織編裝上進行調整,現在的特勤隊除了有隊本部外,還下轄若干支突擊區隊、通信、勤務等區隊,以視任務狀況彈性編組。由於是屬於一級的快速反應部隊,該部須在接獲命令之後白天20(夜間25)分鐘完成出勤的準備,因此直升機是他們最普遍的交通工具。

左｜山地行軍時的負重訓練是基本菜色,不然先前也無法在颱風期間能完成多次的救援任務。(Photo/ 航特部提供)
右｜由於駐地位處偏遠山區,身為一支快速反應部隊,主要的交通工具可是～直升機。(Photo/ 航特部提供)

由於特勤隊相較一般部隊鮮少在公開的場合中亮相,如果有,很多都是拳腳功夫與戰技演練,這或許也成為大眾對於特勤隊的刻板印象;然而這些也是事實!因為特勤隊上很多隊員都是身懷絕技、臥虎藏龍,以體能而言,山地環境原本就是原住民的地盤,這是他們最熟悉的一塊地形,也是上天賦予他們的天賦,因此在特勤隊中以阿美、泰雅、排灣族為大宗,總計約6-7成是原住民所組成。加上隊員都得學習跆拳道、

散打搏擊、空手道、柔道、八極拳…等武術項目,很多影劇般的拳腳功夫也造就出隊中的"涼山旋風腿"、"魔鬼悍將"、"刀鋒戰士"、"無影手"…等外號的功夫高手。

左｜戰技館內可以不受天氣影響,從事攀岩、繩索…等山地戰的相關課程。（Photo/ 航特部提供）

右｜現任「社團法人中華民國退伍傘兵協會」理事長的黃承華,是目前唯一一位擔任過兩任（第5、8任）特勤隊隊長的罕見例子。（Photo/ 航特部提供）

曾有資深的部內前輩自我調侃地說,航特部其實就像是個"家族企業",圈子很小、但凝聚力很強,因此能在特勤隊擔任隊長,那無庸置疑可都是一時之選。但可別以為這會是個什麼樣的"爽缺",因為要帶得動這一支虎狼部隊,八字或許要夠重！例如在年度國防部特勤隊的競

賽考核時[5]，如果成績不理想，那這頂烏紗帽可能就不保（拔掉）了。

以創隊初期的首任隊長黃海彬而言，最後官拜陸軍副司令退伍，畢生都關注著這一支部隊的成長，幾乎可說是隊上的精神領袖。而在當時「岩灣事件」打出威名的第三任隊長王國強，更在多年以後成為改編成「陸軍航空特戰指揮部」後擔任首任的中將指揮官。目前「社團法人中華民國退伍傘兵協會」的現任理事長黃承華，先前也擔任過該特勤隊的隊長一職；而且還是目前唯一一位擔任過兩任（第5、8任）隊長的例子。儘管他早已卸下軍職多年，現在仍以不同的方式在為傘兵袍澤們服務。還有軍旅期間曾8度赴美受訓的退役少將郭力升，本身也是國內少數在美完成「突擊兵」訓練的人物，他也擔任過特勤隊的第11任隊長，後來派任駐美武官、陸軍指揮參謀學院院長、特戰指揮部指揮官⋯等要職。

---

5 先前名為「特勤大賽」、「戰力測」，現在雖改稱「關鍵戰力鑑測」，但主要測驗內容都是體能戰技、兵器類射擊、特勤職能⋯等項目。

隊史館中的歷任隊長群像，有幸能夠擔任國內最強特種部隊的"頭家"，軍旅生涯夫復何求啊！（Photo/ 黃竣民攝）

讓"國軍最精銳的部隊，卻住著最破舊的營房"，實在叫人情何以堪。隨著「涼山營區」新兵舍的完工啟用，這個笑話終於可以止步。（Photo/ 航特部提供）

隨著國軍近年大力推動「興安專案」以改善官兵的生活設施，老舊不堪、還是平房營舍為主的「涼山營區」，已經使用了近45年，實在顯得格外不搭調，因此才留傳出～"國軍最精銳的特種部隊，卻住著最破舊不堪的營舍"，的確顯得異常諷刺啊！因此上級動用了8億多的經費，為營區內的住宿、餐飲和訓練設施做大幅度的整建，現在終於可以一改先前簡陋老舊的風貌，讓隊員們的日常在嚴格訓練之外，有更完善的生活條件。在歷經近3年的工程整建，終於在2024年的年底完成兵舍與餐廳的改建，讓營區的住宿容量可以應任務需求，滿足到350人左右的新標準，就跟「大聖西營區」一樣，讓官兵告別"大通鋪"的年代。

國軍的三支特勤隊隊員們都是領域中的箇中好手，雖然單位的背景、屬性與強項或許有些許差異；「憲兵特勤隊」較注重城鎮戰（CQB）、「海陸特勤隊」則偏向水域作戰（兩棲滲透），而「陸軍特勤隊」比較著重山地叢林戰，但彼此之間還是維持著既合作、又良性競爭的關係。時至今日，走過四十多年的風華，在歷經廿餘任隊長的帶領下，這一支最富傳奇的特戰部隊，還會創造出多少神話呢？國人只能繼續追尋著那些流傳於坊間屬於涼山的傳說吧！

當涼山情歌還繚繞山頭，國人除了熟悉所流傳"涼山上住著一群鬼"的傳說以外，別忘了這一群鬼，其實正是陸軍"尚武求勝，自強不息"口號中，最低調的代表！

※ 因特勤隊保密需求，本小節的照片均需經過處理。

陸軍航空兵的崛起

原「拉克堡」現已經更名為「諾沃塞爾堡」（Fort Novosel），是美國陸軍培訓飛行員的主要飛行訓練基地，也是「美國陸航卓越中心」（USAACE）的所在地。（Photo/黃竣民攝）

二戰之後，隨著砲兵火砲的射程延伸，對於目標觀測的需求性也相應提高，陸軍本身需要自己的空中觀測部隊實屬必然趨勢，最早只能從空軍獲得所需的人員與能量，並派員至美國阿拉巴馬州「拉克堡」（Fort Rucker）的陸軍航空學校受訓。以當時的情況而言，飛行專業只是一回事，還要能充當砲兵的觀測與野戰偵察的角色，才是陸軍當時希望成立本身航空兵部隊的初衷。

不得不承認，陸軍早期所成立的輕航機部隊也是深受美軍影響，因為美國陸軍在韓戰中投入大量的定翼機與旋翼機，並從中取得很多反饋，為日後的機型改進奠定基礎。以取代二戰時期「派珀」（Piper）的L-4「蚱蜢」（Grasshopper）與「斯汀森」（Stinson）的L-5「哨兵」（Sentinel）型聯絡機的「塞斯納」（Cessna）O-1「獵狗」（Bird Dog）觀測機（美國陸軍稱L-19A）而言，本身就是「塞斯納」305型機的衍生款，推出後卻成為陸軍地面部隊的主力協同作戰機種，在韓戰與越戰中都能見到它的普及性。事實也證明，L-19能夠滿足陸軍的作戰要求，這些指派的任務包括：射彈修正、鋪設電線、緊急補給空投、高層人員的空中運輸以及訓練…等，當時每個月以25-30架的速度在生產。

陸軍總部在1956年7月16日成立的「航空排」，屬性上比較偏"宣示性"的成分，況且家當也只有2架從美國轉來的「塞斯納」L-19A觀測聯絡機，只是陸軍總部認為金門前線的狀況很緊繃，需要有輕航機用於對大陸沿海的偵察巡邏等任務，當時對作戰效益的實質提升很有限。環視當時的時空背景對於地空整體作戰此一領域尚未發現其潛力，也因此並未受到高層的重視，而操作的機種也都是以觀測、聯絡用的慢速定翼機為主，例如後續引進的U-17A（可以執行儀器飛行的O-1版本）、U-6A聯絡機，這樣被半推半就催生出來的部隊，在當時根本難以獲得相關的資源，艱辛的發展過程可想而知。

左｜L-19A 觀測聯絡機是我國陸軍航空部隊最早使用的機種，當初會在陸軍總部成立航空排，也是美軍在背後以半強迫的方式，才硬擠出來的"應景單位"，地位與資源的獲得，在當時可說是都異常艱辛。（Photo/ 李星澤提供）

右｜陸軍「航空訓練班」招訓的飛行軍官第一期，在歸仁基地所進行的編隊飛行。（Photo/ 徐仲傑提供）

　　陸軍的航空部隊在這一段期間也在番號上經過數次的調整，規模雖然也呈現成長的趨勢，但整體的改變並不大。陸軍隨後在 1967 年時成立了「航空訓練班」，專門用於培養陸軍本身的飛行員，以這種臨時編組的方式改善派員赴美受訓緩不濟急的飛行員不足窘況。當時的歸仁機場還是培訓空軍官校初級飛行員，以及陸軍砲兵空中觀測偵察班的訓練場地，即便經過多年的產權移交與整建工程，那時候整座基地的設施依舊相當簡陋。由於南部天氣炎熱且雜草叢生，學員的寢室又都是大通舖，因此割草、驅蛇竟然也是學員們的受訓日常，顯見當時單位組建初期的窘困程度！後來于豪章總司令在目睹當時陸航部隊不管是在設施與人員待遇上的落差，還派人去了解空軍飛行員的生活設施標準，以作

為日後改進的參考依據，這才讓陸航飛行員的福利與待遇獲得大幅度提升，與坊間國人普遍認為是"土老陸"的陸軍兵科拉出差距，後續吸引更多人才加入到這一個新興兵種的大家庭。

左｜1972年接收的U-6A聯絡機，用於飛行訓練、小部隊運輸、軍品及傷患後送、空中偵照等任務。（Photo/ 尖端科技軍事雜誌社提供）
右｜博物館收藏的U-6A觀測聯絡機，當初應該沒有人會想到未來的陸軍航空兵會是今日的規模。（Photo/ 李星澤提供）

到了1969年7月陸軍首度接收美援「休斯」（Hughes）公司的OH-6A「卡尤斯」（Cayuse）直升機，這也是陸軍航空部隊成軍以來首次獲得的旋翼機機種，先期將它們賦予訓練的任務，後續又在1972年獲得OH-13H型直升機後，才轉為擔任空中觀測的任務。當年的9月1日「航空訓練班」才正式在歸仁基地編成，也讓這一支部隊擺脫任務編組的時代，邁向陸軍正規組織編裝的一部分。1970年在于豪章總司令的推動下，陸軍「航空訓練班」擴編為陸軍「航空訓練中心」，正式確認以旋翼機作為骨幹的建軍方向。也由於該機小巧敏捷，當時的于總司令還經常搭

乘它去營區做無預警的"突擊檢查"，嚇得各級部隊長對於營區的戰備訓練與內部管理根本不敢鬆懈，因為不知道于老總何時會從天而降（據說連擔任他座機的飛行員也都是常在起飛之前，才知道要去哪裡）！

左｜外號"泥鰍"、"飛蛋"，傘兵亦戲稱這款 OH-6A 直升機叫"雞腿"，是陸軍最早自美接收的旋翼機機種，初期將它們用於訓練任務。（Photo/ 徐仲傑提供）

右｜對於陸軍航空兵組建的初期，前陸軍總司令于豪章可說是最大的推手。（Photo/ 馬顯宗提供）

左｜靈巧刁鑽的 OH-6A 直升機，這款機型的後繼衍生型號，迄今還在國外許多的特戰單位中服役。（Photo/ 黃竣民攝）

右｜除了圓形狀的駕駛艙外，OH-13「蘇族」直升機幾乎只有骨架可言，陸軍在 1972 年購入一批供「航訓中心」執行旋翼機的訓練任務使用。（Photo/ 徐仲傑提供）

第三章
空降＋特戰的茁壯時期

由「貝爾」公司生產的 H-13「蘇族」（Sioux）直升機，是美國陸軍在韓戰期間被頻繁使用的直升機種之一，在戰爭期間主要用於偵察和醫療運輸的任務，進入越戰初期還被用作偵察，但性能已逐漸無法滿足所需，美軍在 1966 年引進 OH-6A「卡尤斯」直升機作為其後繼機種；之後便以超量軍品提供給當時的盟國。雖然我國的空軍早在 1950 年就購入 OH-13 型直升機，擔任空勤救護的角色。陸軍後來適逢美軍有超量軍品，想要俗俗賣給盟邦，因此才有機會以象徵性的軍購方式，用每一架 1 美元的 " 友情價 " 取得了近卅架的 OH-13 型直升機（除了陸軍以外，也分配給海軍陸戰隊 6 架。

左｜除役後陳列在航空博物館內的 OH-13「蘇族」直升機，遊客可以領略到早期直升機結構的 " 簡陋 " 程度。（Photo/ 黃竣民攝）

右｜雖然 OH-13「蘇族」直升機笨拙、結構簡單、動力嚴重不足，但在美軍裡的用途廣泛，為後續機種的發展也奠定了基礎。（Photo/ 黃竣民攝）

OH-13「蘇族」直升機看起來依舊很陽春，除了諾大的氣泡座艙罩外，長長的尾衍幾乎只有鐵架組成，依舊是採用手動油門，非常考驗學

員的協調與控制能力，因此對於菜鳥飛行員很具有"挑戰性"，曾有一期學員有 1/3 在這一關被淘汰。是一款能夠輕易判斷學員飛行時所學的教練機，讓教官在帶飛時能一目了然學員的操作過程與問題所在。不過便宜取得的下場，就是會有後勤維保不穩定的問題，幾年後也由於妥善率欠佳，導致這一批 OH-13 型直升機終於不得不退出飛行線；而它們在陸軍航空部隊的服役期也只有不到 8 年的時間。

之後，陸軍在 1978 年採購了相同數量的 TH-55「歐塞奇」（Osage）直升機，全面汰換 OH-13 型直升機的教練任務。TH-55「歐塞奇」直升機是由美國「休斯」（Hughes）公司為美國陸軍所研製一款輕型訓練/通用直升機，也是後來成為美軍服役中最久的訓練直升機，光是幾年內美軍就採購了將近八百架的同型機；美軍學員們還親切地稱它為「美泰兒梅塞施密特」（Mattel Messerschmitt）[1]。

---

1 「美泰兒」（Mattel）是世界第二大的玩具製造商，著名的「芭比娃娃」即是該公司的產品。「梅塞施密特」（Messerschmitt）則是德國有名的飛機設計師，曾提倡「輕量結構」的概念從而創造出許多飛行紀錄。

第三章
空降＋特戰的茁壯時期

左｜陸軍採購同數量的 TH-55「歐塞奇」直升機，用於取代 OH-13 型直升機的飛行訓練任務。（Photo/ 尖端科技軍事雜誌社提供）

右｜早年曾歷經因撞機事故而負傷過的黃國明，卻一路能晉升到陸軍副司令一職，也是目前陸軍航空兵出身的人物中，在陸軍體系內所擔任最高職務的記錄。（Photo/ 黃國明提供）

不過 TH-55「歐塞奇」直升機在服役期間也發生過 2 次的飛行事故，一起發生於 1988 年 12 月 10 日的飛安事故，一架 TH-55 直升機與 O-1 教練機因航線重疊而肇生碰撞事故，當年事故當事人之一的飛行學員黃國明受傷，之後成為陸軍航空兵出身的首位陸軍副司令；也是迄今陸航兵科晉升到最高職務的紀錄（2025 年 2 月中，張台松為第二位陸航出身的陸軍副司令）。由於陸軍「航訓中心」的訓練能量逐次獲得擴充，已逐漸擺脫組建初期人員得由空軍轉任的狀況，並由陸軍自行培訓飛行人才，操縱陸軍自身機種的時代也宣告來臨。

陸軍航空兵的陣容與規模日趨壯大,而且自 OH-13 型直升機開始,基本上都是跟著美國陸軍採用相同的訓練機種。(Photo/ 尖端科技軍事雜誌社提供)

說起美國陸軍的「空中騎兵之父」(Father of Air Cavalry),也就是漢密爾頓・豪茲(Hamilton Howz)將軍,他在 1960 年代初期便提出了運用直升機實施兵力投送的新戰術概念,隨後美軍奉命成立了試驗性的「第 11 空中突擊師」(11th Air Assault Division),並以 UH-1、CH-47 直升機來驗證這些理論,課題包括:空中協同指揮、空中火力突擊、空中補給、兵力投送以及戰術偵察⋯等,經過這些實驗的印證之後,也改變了美軍固有的運動戰概念。

這種將古老騎兵戰術和二戰興起的傘兵戰術相結合下,在兵棋推演中得到 " 像蝴蝶般輕盈,如黃蜂般致命 " 的評論,而後來將其套用在越

戰中實踐，著名的「德浪河谷戰役」（Battle of Ia Drang）[2]，即是打響這一支新型部隊的最佳戰例，即使在今日的作戰環境中卻仍然適用。

左｜漢密爾頓・豪茲將軍當時力推空中騎兵的戰術，後來也徹底改變了美軍機動作戰的概念。（Photo/US Army）

右｜越戰時期空中機動作戰的演進，足以讓步兵插上翅膀，神兵天降而令敵人措手不及，這類畫面後來也成為戰例的經典。（Photo/ 黃竣民攝）

　　直升機部隊的戰術與技術在越戰才開始受到矚目，由於潛力受到開發，並進一步獲得支持與發展，各國紛紛加大投資在這一支兵種上。隨著在越戰中 UH-1 型直升機的亮眼表現，它在美軍官兵口中更有著 "空

---

[2] 美軍當時由第 7 騎兵團第 1 營的中校營長小哈羅德•格雷戈里•穆爾（Harold Gregory Moore, Jr.）指揮，在 1965 年 11 月 14 日在「X 光著陸區」（LZ X-Ray）與優勢兵力的北越部隊交戰。2002 年由梅爾•吉勃遜主演的電影《勇士們》（We Were Soldiers），即是以該戰役為主題。

中計程車"的美譽，美軍官兵更將它取了許多綽號；諸如攜掛火箭的稱為"青蛙"（Frogs）或"野豬"（Hogs）、安裝機槍的叫"眼鏡蛇"（Cobras）、「拖」（TOW）式飛彈發射器則被稱為"鷹爪"（Hawks claws）、如果兩側都沒有外掛武裝的則叫"光頭"（Slicks）！這一款暱稱為"休伊"（Huey）的直升機也開創了航空史上的新奇蹟，光是越戰結束後，美國陸軍的直升機數量已翻了好幾翻，普及的程度令人驚訝不已，自此也奠定美軍空中機動作戰的實力無人能及。

我國也在 1970 年的年底，推出與美國合作生產的 HU-1H「易洛魁人」（Iroquois）通用直升機，它是從 UH-1D 改良的 UH-1H，配備動力更強的「萊康明」（Lycoming）T53-L-13 型發動機（輸出馬力 1,400 匹）。隨後於 1971 年改組成為陸軍「航空訓練中心」，陸軍航空兵這一個兵科也才正式被陸軍認證。此後，隨著「航空工業發展中心」陸續完成交機，使得 UH-1H 直升機的數量大增（於 1976 年完成全數 118 架的生產），於是每隔 2 年後便陸續讓陸軍第 1、2 航空大隊成軍了。有了這樣的規模，也才標誌著我國陸軍的航空部隊已逐漸形成氣候；而 UH-1H 直升機也順勢成為我國第一代空中奇兵的主要「軍馬」。

陸軍直到 UH-1H 型直升機大量服役後,才算是具備「空中突擊」的垂直作戰能力。(Photo/ 莊富元提供)

　　除了 UH-1H 直升機外,陸軍也想獲得更大型的直升機以擴充作戰能量,畢竟"休伊"的運載能力只是一個「班」,而 CH-47「契努克」(Chinook)型直升機的運輸能量則遠大於此,要塞入一整個排的武裝士兵也都沒問題。可是在1970年代這項對美採購案只有"開黃燈";因美國當時受限於「817 公報」,只願意出售該型機的民用版,也就是「波音」234「多用途長程型」(Multi Long Range, MLR)直升機;這或許還得利於當時的國際情勢,何梅尼(Ruhollah Khomeini)推翻了伊朗親美的「巴勒維王朝」(Pahlavi)政權,當時伊朗向美國購買的一堆武器一時難以處理,我國才有機會從中撿便宜。

外號 "布丁狗" 的「波音」234 型直升機，承擔了早期陸軍航空兵運輸的重任，後來移交給內政部作為空中消防用途，也被稱為是「鳳凰號」。
（Photo/Vincent Huo 提供）

在先求有的前提上，少量購入的「波音」234MLR 型直升機，也只好以商規充當軍用編入新成立的空中運輸分隊服役；老一輩的資深陸航人稱它為 "蛤蟆"（從機尾看過去…）。雖然民用版無法符合軍事作戰的需求，尤其是發動機推力、機腹吊掛的能力尤甚，但這樣的狀況從 1980 年代中期開始也只能苦撐著，直到 1990 年代末期，美國才終於同意售我 CH-47SD 型直升機。後來內政部消防署成立空中消防隊，這一批「波音」234MLR 型直升機也就撥交出去，改採紅黃色所謂 "布丁狗" 的塗裝（航迷圈中俗稱的「鳳凰號」）在空中消防單位繼續做出貢獻。

第三章
空降＋特戰的茁壯時期

左｜越戰讓攻擊直升機的發展開始大行其道，而當時美軍的 AH-1G 攻擊直升機，它經常與 OH-6A「卡尤斯」偵察直升機編組成「獵殺小隊」執行任務。（Photo/ USAF）

右｜西德 MBB 公司的 Bo-105 型直升機曾經參與我國攻擊直升機競標案，在當時所列的競爭者當中評分還是最高，但後來 AH-1「眼鏡蛇」從願望清單直接插隊，這一款性能刁鑽的德製直升機就與陸軍無緣了！（Photo/ 黃竣民攝）

　　越戰時期美軍開始在 UH-1 直升機上安裝各型機槍、火箭，讓這樣充當武裝的作戰載具也能擔負運輸以外的打擊功能，這樣的戰場需求也催生出武裝直升機的概念。1972 年，美國陸軍公開尋求提升反裝甲能力。「貝爾」公司製造的 AH-1「眼鏡蛇」（Cobra）攻擊直升機，就是在這樣的背景下催生出來的，其設計旨在提供近距離空中支援，並護送友軍部隊運輸，當部隊著陸後還得滯空在登陸區上空壓制敵火，好讓友軍能盡速鞏固住陣地。AH-1「眼鏡蛇」靠著獨特的纖細造型提供防禦優勢，用以降低敵軍輕武器擊中的機率，配備的短翼則用於各種武器的掛載，在機頭下方安裝有一門 20mm 的機砲，也成為日後攻擊直升機的標配設計。如果與當時的武裝 UH-1 直升機相比，「眼鏡蛇」通常能攜

帶多達兩倍的彈藥,亦能更快地飛抵目標區,它的滯空時間也更久,並且在直升機群撤離時還能繼續提供對地壓制的火力。

1985年時,陸軍在湖口台地上演練地空整體作戰的模樣,UH-1H直升機大量入列後,空特部也加入空中機動作戰的訓練科目。(Photo/ 尖端科技軍事雜誌社提供)

　　隨著武裝能力的提升,以及反坦克導引飛彈越形普及化,直升機如果能安裝機砲、火箭以外,還能將反坦克飛彈上身,讓直升機一躍成為反裝甲作戰的利器,也成為世界各國陸軍航空兵努力在發展的路線,也是未來勢必要大力擴充的部隊類型。我國隨後在1980年代初期提出「戰鬥直升機建軍及戰術運用」的文件,也表達出採購攻擊直升機的意願,陸軍後來也評估過德國「梅塞施密特 - 博爾科夫 - 布洛姆」

（Messerschmitt-Bölkow-Blohm, MBB）公司的 Bo-105 型直升機、「麥道直升機系統」（McDonnell Douglas Helicopter Systems）公司的 MD 500「防禦者」（Defender）型直升機（OH-6 的衍生款），和「貝爾 206L」（Bell 206L）型直升機，但也希望美國能開綠燈讓 AH-1 有機會排入清單。這一個戰鬥直升機的採購案歷經近十年的峰迴路轉，雖然 Bo-105 直升機的歷次測評都比 MD 500「防禦者」優異，但最後的結果竟然是 AH-1W「超級眼鏡蛇」（SuperCobra）取得訂單，代號「飛鷹計畫」的採購案，讓陸軍如願獲得首款專門為戰鬥而設計的攻擊直升機。

隨著第一次波灣戰爭的開打，盟軍以全新的「空地一體」（AirLand Battle）戰術輾壓當時世界第四大的伊拉克陸軍，看看 AH-1W「超級眼鏡蛇」直升機在第一次「波灣戰爭」的 100 小時地面戰中的表現，共摧毀 97 輛坦克、104 輛裝甲車和 2 座高砲陣地。我國後來向美國訂購了 2 批 AH-1W「超級眼鏡蛇」，裝備到陸軍航空訓練中心和兩支陸航直升機旅，從此陸軍航空部隊正式邁向能主導地面戰鬥的角色，而不再只是作戰會議中陪襯的跑腿小弟。當時操作俗稱"老鼠"[3] 的「眼鏡蛇」攻擊直升機，都能自視高人一等，走路有風！

3　由於 AH-1W 直升機機頭正面閃亮的兩片「夜間瞄準系統」（Night Targeting System, NTS），乍看之下就像老鼠的兩顆外露大牙，因此資深陸航人員才以此戲稱。

陸軍在對美採購 AH-1W「超級眼鏡蛇」攻擊直升機的同時，也一併採購 OH-58D「奇歐瓦戰士」（Kiowa Warrior）型戰搜直升機，這一款 1960 年代由美國「貝爾-206 型」商用直升機改良後，贏得美國陸軍「輕型偵察直升機」（Light Observation Helicopter, LOH）標案的產品，在 1969 年服役後隔年便投入越戰，主要擔任戰場偵察與引導砲兵攻擊等任務。我國採購 2 批的 OH-58D 型可是當時的新型號，換裝了 4 葉螺旋槳，比之前 2 葉的 OH-58C 型更安靜，主螺旋槳頂端裝設的「桅頂偵搜儀」（Mast Mount Sights, MMS），能夠躲在樹林後端實施偵察，降低被敵人發現的風險，其內含雷射測距儀、熱顯像儀等電子裝置，裝置使該機可以在日/夜間都標定敵人目標，即使在低能見度的天候下依然有效。

左｜陸軍獲得 AH-1W「超級眼鏡蛇」型攻擊直升機後，我國「空地一體」的作戰能力才不再被忽視。（Photo/ 王清正提供）

右｜AH-1W「超級眼鏡蛇」的機身設計雖然獨特，卻也是相對較難操縱的機種。（Photo/ 黃竣民攝）

而 OH-58D「奇歐瓦戰士」也是武裝版本，是美國經過「陸軍直升機升級案」（Army Helicopter Improvement Program, AHIP）後的成果，在動力、導航、通訊、生存能力和部署能力方面均經過了升級。除了能導引 AH-64 或 AH-1 攻擊直升機對目標發動攻擊外，自身在機身的兩側安裝有通用武器掛架，能夠攜帶包括：AGM-114「地獄火」（Hellfire）飛彈、空用「刺針」（ATAS）飛彈、「海蛇 70」（Hydra-70）2.75 吋航空火箭彈吊艙，和一挺 M296 0.5 吋口徑的機槍等武器。若是單獨要執行獵殺任務也是綽綽有餘，因此也有"樹梢上的殺手"稱號。

由於經過各方面的升級，讓 OH-58D「奇歐瓦戰士」也有"樹梢上的殺手"外號。（Photo/ 莊富元提供）

除了AH-1W「超級眼鏡蛇」攻擊直升機與OH-58D「奇歐瓦戰士」戰搜直升機入列外，為了培訓新一代的陸航飛行員，也讓老舊的TH-55「歐塞奇」（Osage）輕型訓練直升機退役，陸軍也採購30架的TH-67「克里克」（Creek）擔任教練機使用；其中10架為「儀器飛行型」（Instrument Flight Rules, IFR），20架為「目視飛行型」（Visual Flight Rules, VFR），並陸續在1998-1999年交機。由於該機也是從「貝爾206型」直升機衍生而成，因此在外型上除了與OH-58型直升機相似度很高外，機體結構、飛控系統、發動機⋯等幾乎都有很高的通用度，這一方面大可節約訓練轉換的時間，對於後勤維修方面更是地勤維保人員的一大福音。我國陸航教練直升機的機種，也一直延續著幾世代與美國「拉克堡」陸軍航空學校同步的水準（OH-13、TH-55、TH-67）；一直到2016年美軍引進UH-72「拉科塔」（Lakota）直升機，讓TH-67於2021年全面退役為止。

左｜TH-67「克里克」教練機與OH-58D「奇歐瓦戰士」戰搜直升機幾乎系出同門，因此具有較高的後勤通用性，對地勤維修人員是一大福音。（Photo/ 尖端科技軍事雜誌社提供）

右｜TH-67「克里克」接替了TH-55「歐塞奇」的訓練任務，是目前新生代陸航飛行員的入門機種。（Photo/ 黃竣民攝）

經過這幾十年的努力，陸軍終於讓航空兵的打線齊全，整個陸軍航空兵的陣容第一次感到完整，而且幾乎都是當時的明星裝備，光芒也逐漸掩蓋過昔日的傳統官科（步兵、裝甲、砲兵…），因此也轉而成為陸軍中炙手可熱的新興兵種，這或許也是當時陸航成軍初期沒有人會想像得到的結果吧！

UH-72「拉科塔」直升機已在美軍中大量服役，我國陸航的「飛訓中心」能否延續第四款與美國陸航同機種的傳統？（Photo/ 黃竣民攝）

中美合作、突擊兵緣起

　　如果談到「突擊兵」，就很難不提到美軍這一段與國軍聯合作戰的緣起，即便事過境遷已80年，還是可以從部隊配戴的徽章想起過去深層的意義。回顧1943年，官拜准將的法蘭克•道•麥瑞爾（Frank Dow Merrill）時任中國戰區參謀長史迪威將軍麾下的作戰參謀，他奉命招募一批富有叢林作戰的志願兵組織了「第5307特遣隊」（5307th Composite Unit）；即後來大家所熟悉的「麥瑞爾突擊隊」，在緬甸突襲日軍的後方補給與交通線，並協助美軍工兵部隊修復已被敵軍切斷的滇緬公路。由於這支部隊神出鬼沒，讓日軍感到異常頭痛，因此之後便獲得了"麥瑞爾掠奪者"（Merrill's Marauders）的稱號。

　　當特遣隊與日軍鏖戰五個月後，1944年8月該部先被整編成「第475步兵團」，戰後（1954年6月）變更番號為「第75步兵團」；也就是現在聞名於世的「第75突擊兵團」（The 75th Ranger Regiment）。即便今日在美國突擊兵學校的隊史館及「第5訓練營」的山訓基地中，依舊保存中美合作抗日之史蹟文物，足見中美的軍事合作早有淵源。

左｜麥瑞爾自西點軍校畢業任官後，僅用14年的時間就晉升到准將階，於1992年入選「突擊兵」名人堂。（Photo/US Army）

右｜為了紀念同在緬甸戰場上的中國遠征軍，該部的臂章將中華民國國徽上的白日和緬甸國旗上的星星紋在了徽章上，閃電則象徵他們攻擊的速度，此臂章沿用迄今。（Photo/黃竣民攝）

左｜在營區隊史館外新建的突擊兵紀念碑。（Photo/黃竣民攝）

右｜在編撰本書期間，筆者也特地走訪此基地，在隊史館內緬懷這一段二戰期間的合作歷史，並與營區指揮官史東（Bob J Stone）中校交換兩國特戰部隊的紀念幣。

二戰結束後，美國也致力於精簡數量龐大的部隊員額，除了發展高新科技的武器為重點外，保留量小質精的兵力也在陸軍呈現。1950年6月下旬韓戰爆發後，3個月後（1950年10月）選在喬治亞州「班寧堡」步兵學校中開設的「突擊兵」訓練便展開。源自於二戰和韓戰的經驗教訓，初期計劃要在每個步兵師中組成一支突擊兵連，基於這個概念，陸軍部得派出編制完整的連隊參加新設為期六週課程的突擊兵訓練，完訓後，該突擊兵連可供師長指揮執行宛如二戰時所執行的特殊戰鬥任務。

　　在3年的韓戰期間，共組建並完訓了17支空降突擊兵的完整連隊。後來陸軍部基於"不要把所有雞蛋放在同一個籃子裡"的理念，又啟動另一項研究才進而調整訓練課程的內容，讓班隊可以擴大向陸軍所有作戰部隊開放，所以在1951年10月以後，步兵學校將突擊兵成立單獨的組別，以培養全陸軍步兵部隊的領導者。而從1954到1970年代初期，美國陸軍的目標就是希望在每個排級規模的步兵部隊中，都至少有一名合格的突擊兵在列，能在單位中充任種子的功能，進而影響同儕提升所有步兵部隊的表現；迄今這仍然是「突擊兵學校」（Ranger school）的訓練宗旨之一。

第三章
空降＋特戰的茁壯時期

1950 年 11 月美國首支突擊兵連成立，韓戰期間共有 17 支空降突擊兵的完整連隊。（Photo/US Army）

話說美國陸軍在組建特種部隊時，雖然效法英軍的戰術，卻不想跟英軍使用"Commandos"的名稱而失去獨特性，因此改以美國獨立時對抗墨西哥所招募的義勇軍，那種傳承了剽悍精神的牛仔騎兵部隊，後來隨著歷史的演進，也就順理成章地以「突擊兵」來稱呼這一批現代的特種作戰部隊。不過，不得不說許多人迄今仍然對"Ranger"這一個名稱有著異樣的認知，但在軍語上的「突擊兵」（Army Ranger）已是美軍特種部隊的代名詞，勿須再與時下的「德州警騎隊」或者是「森林巡守員」混為一談。而完成「突擊兵學校」（Ranger School）的訓練，取得突擊兵臂章（Ranger Tab），則是代表該員具備"突擊兵資格"（多數完訓者都是如此），卻並不代表他在突擊兵團服役而是位突擊兵；如果兩者兼具（完訓後又在第 75 突擊兵團麾下的單位服役）才算真正是一位「突擊兵」。不過對於外國人士而言這就有點不符實際，能完訓者應該足以光耀門楣了！據聞，數十年來我國每年都擇優派訓，迄今也只

有寥寥幾人能完成訓練，取得突擊兵臂章；這當中還包括 2020 年 UH-60M「黑鷹」直升機墜毀事故中，時任情報參謀次長室助理次長的洪鴻鈞少將。

左｜在 2020 年年初黑鷹直升機墜毀殉職的洪鴻鈞少將，也是國內罕見能從美國突擊兵學校完訓的軍官。圖為山隘行軍時他在鼓勵部隊的身影。（Photo/ 特指部提供）

右｜我國幾乎每年都擇優派員參加美國突擊兵訓練，圖為 2006 年 5 月合格完訓的熊明榮（該期的外籍學員淘汰率是 70%）。（Photo/ 熊明榮提供）

美國後來歷經越戰漫長的經驗與教訓，和 1980 年為解救伊朗人質的「鷹爪行動」（Operation Eagle Claw）失利，美軍在 1970 年代末期開始雷厲風行地推行「空地一體戰」思想時，卻也發現不同軍種間無法溝通協調的重大缺陷，導致 1986 年頒布了著名的「高尼法案」（Goldwater-Nichols Act）後，才解決這個軍種角力的結構性病徵，並在 1987 年 4 月催生出「特種作戰司令部」（Special Operations Command, SOCOM），而陸軍的「突擊兵」部隊也在改革調整的行列。1987 年 11 月起，「突

擊兵」部改編為突擊兵訓練大隊，下設4支營級單位分別執掌不同主題的「突擊兵」階段訓練；而目前則已調整為3個訓練營負責各階段的訓練與評核。由於2014年美國陸軍對步兵和裝甲兵進行重組而編成所謂的「機動卓越中心」（Maneuver Center of Excellence），因此「突擊兵訓練旅」也一併更名為「空降和突擊兵訓練旅」（Airborne and Ranger Training Brigade, ARTB），目前「突擊兵」的課程為期9週，主要區分成3個階段並由不同的營級在不同的地區施訓：第4營（「達比」階段）、第5營（山地階段）和第6營（沼澤階段）。

鑑於「突擊兵」員額僅佔陸軍現役部隊的<3%左右，因此訓練單位會無情地淘汰不適合的弱者或膽怯者。據統計學員的一般平均年齡為23歲，每一期平均接受近370名的申請者，其中絕大多數的學員都已經完成空降學校的跳傘訓練；因為在訓練期間會搭配想定執行1-3次的跳傘。對於外籍學員而言，還有為期兩週的「突擊兵訓練評估課程」（Ranger Training Assessment Course, RTAC）[1]，旨在讓學員熟悉後續要測驗的項目與上課內容，包括：體能測驗、地面導向、兵器的機械訓練、繩結法…等，等於是開訓的前2週就被先關起來"操"，與開訓後唯一的差別，恐怕只是～"能正常睡覺！"

---

1 RTAC是由美國陸軍國民兵「戰士訓練中心」（Warrior Training Center）承辦的「突擊兵先期課程」（Pre ranger course），也是公認全美各單位突擊兵前置課程中最優異的一個；且RTAC的淘汰率就已高達60%。

當年洪鴻鈞參訓的突擊兵班隊（1990-1）從報到將近 400 人，熬到能合格結訓僅剩的 180 多位同學合影。（Photo/US Army）

當學員報到後，除了攜帶受訓清單裡所列的項目外，其餘的東西都不准多帶，行動電話就更別提了，在報到時所有東西都會被無情的倒出來檢查，以確保學員沒有清單以外的私人物品。完成報到手續後，首先要接受的並不是訓練，而是一連串的體能測驗，也就是受訓想定的開始；學員得習慣每天將從凌晨 4 點開始，一直被操到午夜結束的訓練期程。這種每天從摸黑開始的測驗與訓練，目的就是在逼迫學員熟悉日夜不間斷的模擬實戰作息。

在為期 3 週的第一階段中，還區分第 1 週的「突擊兵評估階段」（Ranger Assessment Phase, RAP）和之後的「巡邏階段」（Patrolling Phase）；也就是學員們習慣稱的"達比"（Darby）階段。首週的體能

評估在「羅傑斯訓場」（Camp Rogers training area）進行，報到的第一天，學員要求必須在 40 分鐘內跑完 5 哩（8.04 公里），並接著拉 6 下單槓的引體向上，另外還得各在 2 分鐘內完成姿勢標準的 49 次伏地挺身、59 次的仰臥起坐項目。這種入學的體測標準，是按照美軍 17-21 歲男性各項體測 70 分的水準而訂定。

在基本的入學體測結束後，接著在「勝利湖」（Victory Pond）進行「戰鬥水域求生測驗」（Combat Water Survival Assessment, CWSA）的評估，學員身穿操作服、軍靴、H 帶上的裝備與步槍，會被教官無預警地突然推下水，先游 15 公尺不能丟下任何裝備或露出恐慌的狀況，然後在水中依序解開步槍與裝備再游回到池邊。還得先爬上一個高度約 35 呎的原木，接著得維持平衡地在原木上向前行走約 70 呎，攀著繩索約 60 呎去碰觸到「Ranger」的木牌後縱身躍下水。游上岸後，接著是「信心測驗塔」（Slide for life）的項目，爬上 75 呎高的滑索塔，握滑輪從 150 公尺長的鋼索下滑後跳躍入水，還有游泳和攜帶戰鬥裝備盲目跳入水深 3 公尺的水域、在水中卸除裝備⋯等項目；在這些水中考核的游泳項目中，學員連恐懼都不得顯露出來，否則教官可能就直接叫你打包回家！

左｜在戰鬥水域求生項目的評估中，學員得克服懼高與懼水性。（Photo/US Army）
右｜「勝利池」的信心測驗塔項目，我國突擊兵的受訓學員應該也很熟悉。（Photo/US Army）

接下來的幾天還有畫/夜間地面導航的定向越野（在10公里的範圍內，學員得攜帶水袋和背負GPS追蹤器找出5個定位點中的4個才算合格，而測驗是從凌晨3:30開始計時，測驗時限是5小時）、武器和通訊裝備的技能測試、「馬爾維斯蒂信心課程」（Malvesti Confidence Course），學員得在數個障礙中的泥水中摸滾爬跳，因此學員也暱稱這為"蟲坑"（Worm pit），而當中的每一個單項障礙允許學員有3次機會通過，不然就會被直接淘汰。

第三章
空降＋特戰的苦壯時期

左｜平均 5-7 分鐘通過的「馬爾維斯蒂信心課程」，2 人為一組的訓員得在"蟲坑"裡不停的摸滾跳爬。（Photo/US army）
右｜在 3 小時內完成負重 25 公斤的 20 公里行軍，是 4 天所謂「評估週」的高潮。（Photo/US Army）

之後還有 2 人一組的 3 公里「武裝競跑」（Buddy run），要求兩人全程需保持三步內的距離，並同時抵達終點，一般士兵對於武器與通信設備的操作複習；另外一些先前「術科測驗」（Ranger Training Tasks, RTT）[2] 不合格的學員，還有機會在第三天時進行補測，第四天是 12 哩（19.3 公里）的負重行軍，每位學員的平均背包負重約 25 公斤（不含身上頭盔、防彈背心、水壺、步槍…），得在 3 小時內完成，而這就是 4 天所謂評估週的菜單。儘管每個志願參加突擊兵訓練的官兵在報到時的生理狀態都已在巔峰，但通常在第一天就會有近 3 成的學員遭到淘汰。而教官們的冷酷無情，反正突擊兵並不缺人參訓，因此把學員刷掉

2　RTT 為班/排級武器及通信裝備的術科測驗統稱，目前制度已修正為不合格人員僅會被登記一個重大缺失（Major Minus），並不會直接被淘汰。

沒有什麼好手軟；而且幾乎隨時隨地都在對學員實施體罰，這種操到讓人全身冒汗到皮膚散發煙霧的程度，也被學員暱稱是"Smoke"！

其實，「突擊兵」訓練時的體能測驗或是負重行軍，其標準都屬於正常的標準而已，並沒有刻意地拉高，但在「突擊兵學校」學員最感到艱困的地方，其實是因為各關的過程不斷遭受體罰及睡眠嚴重的被剝奪，身體的疲勞與睡眠不足導致整個意志力與體力嚴重失衡，才是造成真正能通過測驗標準的學員不多的原因。

接著進入第2、3週所謂「達比營地」（Camp Darby）的訓練階段，則著重在部隊領導程序、巡邏、爆破、野戰技術…等小部隊的基本戰鬥演練。在第2週結束前，學員將運用跳傘直接空降到「弗萊爾空投場」（Fryar Drop Zone），然後轉往「達比營地」[3] 接受由25個障礙組成的「達比女王障礙課程」（Darby Queen Obstacle course），學員以2人一組得在綿延1.6公里的丘陵地形上完成所有項目的障礙通過。在這階段學員得做好被羞辱的心理準備，因為它可能是所見過的軍事障礙訓練場中最令人生畏的版本，不管你是懼高畏水、動作遲緩、臂力不足、疲倦導致注意力不集中…都會無所隱藏，教官們會無情地羞辱你，但這一關的重點是另一種心理挑戰，考驗學員面對失敗並有繼續前進的能力。之

3　1942年春，當美國陸軍決定組建一支精銳的突擊部隊，類似備受推崇的英國「突擊隊」（Commandos）時，第1突擊兵營由前參謀威廉•達比（William Darby）少校領導，於1942年6月19日組建，為了紀念他才以此命名為「達比營地」。

後才展開數天的小隊巡邏課程，這幾天的另一個考核重點，則是學員在同儕之間表現的相互評鑑，如果同期學員的負面報告超過三份，一樣也會被評為不適合成為「突擊兵」。學員如果能熬過這一個階段，通常會有65%能完成突擊兵訓練的機率！

左｜在「達比女王障礙課程」中，除了廿幾道障礙考驗著精疲力竭的學員外，還有來自教官的冷嘲熱諷與體罰，能咬緊牙關撐下去的不僅是體力，還必須有堅強的意志力才行。（Photo/US Army）

右｜山訓營區為紀念法蘭克·D·麥瑞爾的成就而命名，目前做為「第5突擊兵訓練營」的訓練場。（Photo/ 黃竣民攝）

當第一階段合格的學員要進入第二階段的山地訓練之前，會獲得8個小時整裝的時間，然後前往喬治亞州北部達洛尼加（Dahlonega）的山區；也就是「法蘭克·D·麥瑞爾營區」（Frank D. Merrill camp）。

在山地訓練階段，前兩天教授結繩節、錨點、確保…等攀岩和各種繩索下降的基本原理，並在約納（Yonah）山進行實作驗證所學技能（包含夜間配戴夜視鏡進行懸崖垂降）。在小隊進行機動訓練時，能使用固定繩索和牽引系統，在嚴格限制的地形中運送人員、裝備和模擬傷者。學員在

這些訓練中除了能力外,其他如精神、意志力和耐力都是考評要素;而且為了確保教官能公平執行考核,還會有交替考核的制度以維公允。

　　通過這些結繩等術科測驗後,會有 4 天的戰鬥技能訓練,進行有關機動接敵、巡邏基地、部隊領導程序(Troop leading procedures, TLP)、作戰命令(OPORD)、伏擊和突襲任務的演練。然後,學員會在演習職務上輪替進行為期十天的戰鬥巡邏測驗,他們要面臨崎嶇地形、惡劣天氣、飢寒交迫、身心俱疲⋯的環境考驗,並日以繼夜地指揮和領導排級規模擬訂計劃、分配資源和執行戰鬥巡邏的任務,學員如果無法展現領導能力或維持演習下屬的生存,如果無法獲得同儕的正面認同,累積超過三份負面報告的話一樣會被淘汰。這種幾乎是一對一的評量非常特殊,不僅全面性及全時段監督著學員的一舉一動,確保在高壓疲憊的情況下不為人性所控制,堅持以意志力完成交付的任務,才是美國突擊兵訓練的真諦之一。

左｜據統計全世界地層的 1/8 是山地,因此山地作戰訓練在美軍中依舊保有其重要性。
　　(Photo/US Army)
右｜在佛羅里達的沼澤環境接受水域近岸的作戰訓練,操艇時考驗小組的團隊合作。
　　(Photo/US Army)

一旦學員完成山地訓練的考核後,他們將被轉移至佛羅里達州「埃格林空軍基地」(Eglin AFB)西北約 20 公里的「魯德營區」(Camp Rudder)[4],進行第三階段;也是最後一關沼澤階段的訓練考驗。在這一個階段中,學員開始得忍受泡在沼澤地裡幾個小時、蚊蟲不間斷的騷擾,還得擔心隨時可能遭到鱷魚和劇毒蛇類的攻擊,這才是沒有遭遇過沼澤地形的學員難受的地方。

「埃格林空軍基地」目前駐紮有 F-35「閃電 II」戰鬥機外,也正在測試 XQ-58A「女武神」(Valkyrie)的戰術無人機。(Photo/USAF)

---

[4] 詹姆斯・厄爾・魯德(James Earl Rudder),曾在諾曼第戰役初期指揮部隊突擊「奧克角」(Pointe du Hoc)的德軍重砲陣地,為紀念他而將此營區命名。

此站的訓練重點是有關水域作戰、小艇操作和穿越河川的科目，會用掉前四天的時間。接下來就是一連串針對學員在沿海沼澤地區小部隊指揮與領導的考評，學員們得在快節奏、高壓力、具有挑戰性的野外演習中輪替擔任指揮小組作戰的角色，在總共十天的2次巡邏任務中，團隊要發揮出突襲、伏擊、接敵運動和城市突擊等小部隊戰術和技術的能力以達成任務。如果學員能成功地在此階段領導一次成功的巡邏任務，並受到同隊伍組員的正面評價，也沒有太多負面的報告，那該名學員應該就可以回「班寧堡」等著結訓。在這樣生理與心理雙重嚴苛的壓力下，即使是身材強建的男性學員，結訓時也絕對會再瘦上一圈（減重8-10公斤）。

由於是連續想定的設計，在執行訓練任務時除了有龐大的教官群盯著學員外，即便訓練進入夜間的休息時刻，團隊也須維持1/3或1/2的即戰兵力，因此睡眠成為學員夢寐以求的奢侈品。而在美軍的想定中通常都是在午夜發起攻擊，任務執行完成後再撤離至新的整備點，通常也都是凌晨2、3點了，當進入跟開設完新的整備點後，部隊才能輪班用餐、保養武器裝備、休息。即使如此馬不停蹄地征戰，一天差不多也只能睡到1-2小時，如果動作慢或行程有所耽誤，那根本沒有時間能休息，因為下一場的想定直接上演。

在這62天不間斷的訓期中（第一階段21天、第二階段21天、第三階段17天+3天結訓準備日），每天的訓練時數超過19個小時，當睡眠嚴重不足的條件下，又吃不飽（隨著訓期的天數增加，食物供給反

而減少，熱食提供根本是奢望，MRE成為唯一能仰賴的食物來源，但長期吃MRE也是會有生理上的副作用），面對高強度的各項訓練考核，體能都已經被逼至極限；光是背負沉重的背包靠腳行軍的距離就超過190哩。尤其是經過證實，在80個小時之後的動作反應肯定會出現困難度，只有在期間的跳傘之前會讓學員稍事休息，以提高注意力避免發生跳傘著陸的意外。而能通過這些重重考驗者，才能獲得魔鬼戰士渴望的突擊兵資格臂章，成為"從地獄來的男人"之一！

經過將近9週的身心折磨，唯有通過一連串評核的學員才能在「勝利湖」參加結訓典禮，並在親友的見證下取得夢寐以求的突擊兵資格臂章。（Photo/US Army）

雖然突擊兵學校是陸軍許多小部隊領導人進入實戰的墊腳石，每年開設約 11 個班次（接訓 4-5 千人），但是從 1950 年以來，如此陽剛味十足的訓練場卻在幾年前被改變了。2015 年 8 月美國陸軍進行了一項試驗，首度接受 19 名女性人員參加突擊兵的訓練，而當中身為憲兵的格里斯特（Kristen Marie Griest）上尉和「阿帕奇」直升機飛行員的哈弗（Shaye Lynne Haver）中尉順利從中結訓（該期有 381 名男性和 19 名女性開訓，但結束時只有 94 名男性和 2 名女性取得突擊兵資格）。在她們畢業後，陸軍也宣布突擊兵學校從此向女性學員開放。當時的環境背景，五角大廈對於女性參戰依舊抱持著排斥的政策，因此女性不允許在戰鬥單位上任職；其中包括突擊兵/步兵的兵科職務。但這項政策到了 2015 年 12 月 3 日發生重大的變化，當時的國防部長艾希頓·鮑德溫·卡特（Ashton Baldwin Carter）宣布，美國軍隊將一視同仁地向具備資格的女性開放戰鬥兵科（步兵、裝甲、偵察和特種作戰部隊等）的職位。[5]

---

[5] 2016 年，格里斯特成為美國陸軍首名女性的步兵軍官，陸軍批准了她從憲兵部隊調往美國陸軍的申請。

第三章　空降＋特戰的苦壯時期

左｜美國首批女性具備「突擊兵」資格者（左為陸航 AH-64 攻擊直升機飛行員的哈弗、右為憲兵軍官的格里斯特，兩人均為西點軍校畢業生），一直到 2015 年才出現，這樣的試驗結果，也迅速導致美軍的戰鬥兵科自此向女性開放。（Photo/West Point）

右｜隨著越來越多的女性參加突擊兵訓練，儘管合格率較男性低，但美軍男女平權能接受挑戰的趨勢已不可逆。（Photo/West Point）

能熬到「勝利湖」的突擊兵，此生應該對此地都無法忘懷。（Photo/黃竣民攝）

我國在這幾十年來也陸續從幹部中擇優派去美國參訓，仍有多人無法順利完成那艱苦的訓練，而能合格完訓取得美國「突擊兵」臂章的人員包括：孫晉珉、高正明、李建中、丘衛邦[6]、羅順德[7]、楊六生[8]、洪鴻鈞、郭力升、張宗才、熊明榮、金漢龍、謝旻翰、謝英傑、林騰尹、徐靖、陳永昌[9]等人，相信未來也會有更多陸軍的優秀幹部，能夠完成挑戰取得那值得驕傲的「突擊兵」臂章。

---

6 人稱的"丘營長"，是當時苗栗中學第一名畢業，原可保送台大，但選擇就讀陸軍官校30期，4年後也以第一名畢業任官，先後派訓美國步兵學校初級班、空降班和突擊軍官班，並在密西根大學獲得土木工程碩士學位，以少將副師長退役。

7 長期擔任前國防部長俞大維先生的隨從秘書，官拜少將退役，編有中/英文對照的《孫子兵法》、合著有《國防部長俞大維》。

8 1979年結訓時為「榮譽畢業生」（外籍軍官第1名），曾擔任美、日、新加坡武官，當年台灣曾一度想向俄羅斯洽購「基洛級」（Kilo-class）柴電潛艦與「蘇愷-27」（Su-27）戰機，還仰賴其在背後著墨甚多。後來官拜國安局中將退役，長年投身於致力散播兒童哲學理念及做法的「毛毛蟲兒童哲學基金會」，為偏鄉兒童閱讀能力扎根。

9 陳永昌士官長在參訓之前即為「憲兵特勤隊」的人員。

「最強突擊兵競賽」

突擊兵訓練已經是一種九週的高強度戰士養成班,不過如果將訓練內容濃縮成六十幾個小時的不間斷競賽活動,那絕對是一種名符其實的「最強突擊兵競賽」(Best Ranger Competition)!

當初為了紀念突擊兵中傳奇人物的小格蘭奇(David E. Grange Jr.)中將,遂啟發出這種強悍的競賽,以緬懷這一位突擊兵界中的風雲人物。於是該賽事從1982年就開始舉辦,2024年也已經是第40屆(4月12至14日)了;期間曾因「沙漠風暴」、伊拉克戰事和COVID-19暫停過幾屆,因為有些特種部隊的官兵都在執行作戰任務。比賽由「空降和突擊兵訓練旅」主辦,但接受各方的贊助(尤其是知名的軍工企業及槍廠),主要採取兩人為一組的參賽模式進行。參賽者必須都已經先參加過突擊兵的九週訓練,並取得突擊兵資格認證者才能組隊報名,以進行持續3天2夜、幾乎是馬拉松般不間斷方式進行的積分賽。

格蘭奇中將是美國陸軍歷史上少數參加過三次戰鬥跳傘的傘兵之一,最後在擔任第6集團軍司令的職務中退役。(Photo/US Army)

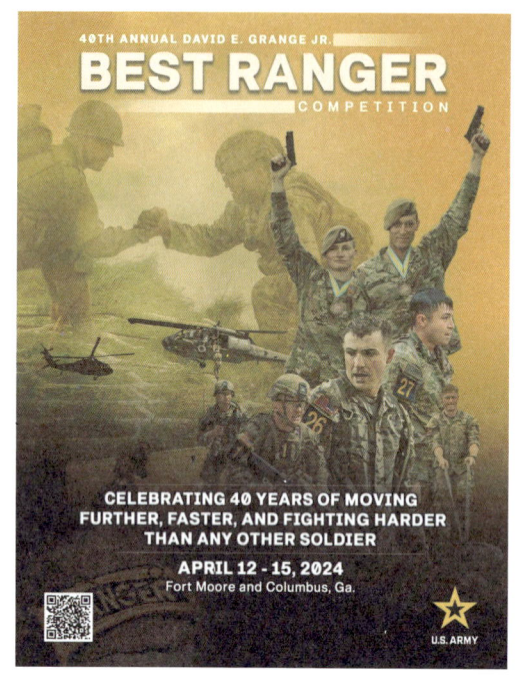

左｜每年度的「最強突擊兵競賽」，也是官兵想證明自身才是最強突擊兵的機會，除了挑戰自我外，還有更多實質上的助益。（Photo/US Army）

右｜獲得「最強突擊兵競賽」的雙人隊伍，除了能為單位增光外，實質上的獎勵與發展，或許是他們即便要忍受疲勞與痛苦，也趨之若鶩的原因。（Photo/US Army）

目前的「摩爾堡」因為融合了步兵與裝甲兵學校成為「機動卓越中心」（MCoE）了，因此每年4、5月都會舉辦多項的兵種技能競賽，以激發部隊練兵熱情與凝聚單位向心。例如在「裝甲週」（Armor Week）時，雙數年會有「蘇利文盃」（Sullivan Cup）的最佳裝甲兵車組競賽、單數年會有「蓋尼盃」（Gainey Cup）的最佳裝甲偵察兵隊伍的競賽。而「步兵週」（Infantry Week）因為部隊多元，競賽的項目會更多，包

括：「最佳迫砲競賽」（Best Mortar Competition），考驗參賽隊伍對60mm、81mm和120mm曲射火力武器的熟練程度；「國際狙擊手大賽」（International Sniper Competition）透過遠距離射擊、觀察、偵察、報告、隱密、潛行等項目，考驗各隊的體能、心理和戰術能力；「拉塞爾達盃」（Lacerda Cup）全軍格鬥錦標賽，則著重士兵的個人勇氣、信心和近戰格鬥的技巧。另外，就是一群已具備突擊兵資格；或正在突擊兵部隊服役的官兵，他們夢幻想爭奪「最強突擊兵」頭銜的競賽了！

在這為期將近3天的兩人一組比賽項目中，組員得一起通過18個主要項目、4項直升機科目、射擊13項武器的艱困競賽中，考驗不僅是突擊兵的體力與意志力，還有各種作戰技能。比賽的內容包括有：跑步7哩（2人輪流背負一個30公斤重的沙袋）、單兵負重行軍17哩、「馬爾維斯蒂信心課程」、「陸軍戰鬥體適能」（Army Combat Fitness Test, ACFT）、2哩跑步、城鎮突擊（繩索快速垂降、障礙通過、模擬與敵接戰⋯）、車輛識別與報告、「普魯斯克」（Prusik）攀登、單兵武器技能（操作包括通信機、迫擊砲操作、「標槍」反裝甲飛彈訓練模擬器等）、使用MC-1可控降落傘進行定點跳傘、人員殺傷雷（Claymore）佈置與解除、呼叫火力支援、夜間地面導航、「戰傷救護」（TCCC）、雙人泛舟的水上運動（從所在城市哥倫布南端沿著查特胡奇河泛舟到阿拉巴馬州約5公里，再搭直升機返回）、各式兵器（手槍、步槍、機槍、散彈槍）射擊（固定、運動靶）、最後又搭乘直升機回到「勝利池」

進行直升機水域滲透（Helocast）的項目，這時直升機的高度只略高於水面，空速 <10 節（<20 公里 / 時）讓選手跳入水中。戰鬥水域求生的項目結束後，然後兩人小組跑到終點線完成 3 天鋼鐵戰士般的競賽。雖然競賽項目每一年多有所調整，但在這項艱苦異常的軍事綜合技能競賽中，觀眾可以更加瞭解到為何"突擊兵做先鋒"（Rangers lead the way）的深層意涵！

左｜競賽中選手要射擊的武器高達 13 項，從手槍、步槍、機槍、火箭筒、反裝甲飛彈到迫擊砲，每一樣都是挑戰。（Photo/US Army）

右｜進行直升機水域滲透的項目，選手從幾乎懸停的直升機躍下水再游到指定岸邊。（Photo/US Army）

這種比賽都已經是具備突擊兵資格者專屬，但是在賽前有些單位會允許參賽者訓練 6 個月；因為根據經驗表示，選手需要 3-6 個月的訓練才能有機會在這一場競賽中獲勝。而參賽的優勝者們除了贏得此頭銜的美名可供在軍旅上炫耀外，現實一點的是還能在職務上獲得更多晉升的機會，並領取價值近 2 萬美元的各式獎品（包含贊助廠商所提供的自動

步槍、手槍、戰術裝備…等產品）；至於在生涯轉業上，後續在學術界發展或是轉往好萊塢工作的機會也大有人在，這或許也算是獲勝者的另一種"隱性獎賞"（Implicit reward），讓選手們即便要忍受煎熬也甘之如飴的原因吧！

每年4月中旬舉辦的「最強突擊兵競賽」，參賽者在兩天一夜幾乎是不眠不休的賽程中拚搏，目前已經發展成為陸軍的特種兵運動盛事。（Photo/US Army）

第四章

航空特戰的新時代

- 「地空整體」成勁旅、「特戰反恐」變焦點
- 空投悍馬車、技術上層樓
- 老母雞有回憶、新型機有期待
- 勇闖「惡人谷」、養成「突擊兵」
- 突擊兵情誼、千里一線牽
- 昔日「成功大隊」、今日「海龍蛙兵」

「地空整體」成勁旅、「特戰反恐」變焦點

　　1997 年開始以後的 4 年，配合二代兵力整建，國軍也展開兵力與組織影響層面最廣的裁軍案，由於重點在於「精簡高層、充實基層」為目標，故被稱為「精實案」。在陸軍的部分最主要的改變，就是由「師」改「旅」的結構調整，雖然傘兵部隊並沒有龐大到師級需要瘦身的程度，也在這一波的調整案中進行調整，但精簡了空降部隊外，卻也大力強化的陸航的整體實力。自 1999 年 10 月 1 日起，將原番號「陸軍空降特戰司令部」改為「陸軍航空特戰司令部」，下轄 2 個空騎旅、1 個特戰旅、「航空訓練指揮部」、「空降特戰訓練中心」、「空中運輸營」、「兩棲營」、「高空特勤中隊」等單位。新的組織架構，讓「航空」與「特戰」做了更緊密的結合，然而國防戰略轉為「防衛固守、有效嚇阻」之後，單位主官的背景也從此起了結構性的變化；由陸航出身的反而主導了航空特戰的大局。

左｜特戰部隊搭乘 UH-1H 直升機空中機動作戰的演練，數十年來，這款飛行時具有特殊聲音的直升機一直是陸航的全能機種。（Photo/ 王清正提供）
右｜UH-1H 直升機在陸軍服役超過半世紀，先前一部分先轉給「內政部空中勤務總隊」，其餘全數於 2018 年除役。（Photo/ 王清正提供）

第四章
航空特戰的新時代

　　陸軍航空兵因為具有通信靈活、火力強大、機動快速⋯等諸多特點，在台澎防衛作戰中成為一支攻守兼備的可恃戰力，因此兵種地位迅速攀升，在陸軍裡成為新時代的焦點。但由於UH-1H在當時的服役時間已經快要邁入第卅年（由美國「貝爾」公司與我國合作在台生產，自1970到1976年期間，共計生產118架），也急需要有新一代的機種引入。尤其是UH-1H直升機的飛行事故，還是造成陸軍傷亡人數與階級最高的機種，光是1974年年底在「昌平演習」期間，2架UH-1H直升機因天候惡劣墜毀於桃園楊梅、觀音地區，造成陸軍的軍團司令苟雲森中將等13名官兵罹難，連陸軍總司令于豪章上將等人都受到重傷的慘劇。1986年號稱的「53慘案」，由空降第62旅官兵搭載要參與空中校閱的2架UH-1H直升機發生了互撞，爆炸起火後造成兩機上18名官兵死亡的意外（尚未包含4名機組人員）。2007年4月3日一架UH-1H直升機執行「神鷹操演」的空偵訓練任務，因能見度不佳而撞上中寮山區的警廣發射台鐵塔，造成全機包括航特601旅的旅長、副旅長、參謀主任、營長、連長⋯等8人全數罹難的悲劇。

　　新採購分兩批陸續到位的AH-1W「超級眼鏡蛇」攻擊直升機，搭配OH-58D「奇歐瓦」戰搜直升機，成為台灣第一支專業的攻擊直升機兵力，也讓陸軍的立體戰鬥能力有了大躍升，這兩支空中騎兵旅（第601、602旅）也有模有樣，搖身一變成為國內軍事主題關注的新寵。由於傳統兵科在裝備更新上缺乏新意，且戰力相較之下更遜色不少，讓陸軍航空兵在台海防衛作戰上的角色更加舉足輕重。

由 AH-1W 搭配 OH-58D 直升機構成的編隊，為陸軍開創第一代立體打擊的新篇章。（Photo/ 王清正提供）

在 1990 年代末期，陸軍也如願購得 9 架的 CH-47SD 型直升機，這也是當時較新的升級版本，同時期獲得此款機型的還有新加坡和希臘。新型的 CH-47SD「契努克」直升機搭載三名機組人員，偌大的機體上安裝 2 具縱列式排列的主旋翼（contra-rotating rotors），採用升級的 T55-GA-714A 型發動機（每具可輸出超過 4,700 匹馬力）、使用加大版的增程油箱（達 7,828 公升）可讓航程超過 1,200 公里、航電也升級成數位化、裝置有「全權數位化發動機管理系統」（Full Authority Digital Engine Control, FADEC）更可藉由電腦自動調整推力，使發動機獲得較佳的燃油效率，運載重量甚至能超過機體的空重，而吊掛重量則為「波音」234 MLR 的 2 倍，主艙內最多可安裝 55 個軍用座位，這樣的運輸性能的確與 UH-1H 比起來足夠 1 架抵 3 架。

這一批 CH-47SD 型的「契努克」全部編在空運作戰隊，由航特部統籌指揮運用，除了一般的飛行訓練及演習都是家常便飯外，它們成為救災時經常出現在電視中的畫面，為災區提供食物、飲水、災民撤離、

傷患後送…簡直是陸軍版的"災區天使"，在不預期的天災發生時，成為山區災民最大的依靠。此外，在國家重大慶典活動的空中分列式，吊掛著巨幅國旗進場的，往往都是由 CH-47SD 型直升機擔綱。

原本是傘兵為主體的獨立空降 62、71 旅，兩者併編成為特戰 862 旅，可以配合空中騎兵旅執行「機降」任務與特戰行動。由於 2001 年美國發生「911 事件」之後，各國對於特戰部隊的訓練與編組的重視程度重新成為顯學，雖然我國在遭受恐怖攻擊的風險評估名次排在很末端，但不可否認的是國軍在這樣的全球趨勢下，也迫使上級長官增加對特戰部隊的關注程度，尤其在裝備預算上終於有較大的起色。對於體能要求高、又需要勤訓精練長期培訓的特戰武力而言，這也只是個好的開端而已，如果要保有一支隨時能出動執行特種作戰任務的精銳部隊，軍隊指揮層級的作戰思維也得跟上時代才行。有幸的是，具有空降特戰背景的陳鎮湘在此期間曾任陸軍總司令，任內推動的陸軍「地面戰力評估」開啟了日後台美兩軍自斷交後的交流契機，此後循「陸威專案」與美國的軍事合作與交流模式，讓陸軍航空與特戰部隊獲得與世界接軌的良機，真正成為陸軍打造量小、質精、戰力強部隊的樣板。

陸軍獲得 CH-47SD 型直升機後，在空中運輸的能量上算是大躍進，對於執行敵後空降/特戰任務大有助益。（Photo/ 莊富元提供）

國軍在經歷過大規模裁減兵力的「精實案」後,只平靜過3年的時間,隨即又進入下一次更大規模的組織調整案(精實案裁減約6萬7千名員額);名為「精進案」的兵力精簡計畫,卻要在一樣4年的時間內再裁減10萬名員額,讓國軍的總兵力來到27.5萬人。在這一個階段中,「陸軍航空特戰司令部」也在2006年3月1日更改番號為「陸軍航空特戰指揮部」,環顧當時部隊幾乎都在縮編的氛圍中,陸航的部隊反而顯得一枝獨秀。在特戰部隊的兵力調整上,原本的特戰第862旅則改編為「陸軍特種作戰指揮部」,下轄2支(第862、871)特戰群與直屬部隊。

　　為應付日益複雜的任務型態與深化與美方日益頻繁的訓練交流,因為陸軍啟動了台美的「陸威專案」後,在「隨隊見習」、「聯合演訓」、「機動輔訓」、「專家交流」、「互動協訓」的既有模式下,後續還加入了「特戰合作組」,足見特戰部隊在這一個領域的重要性。因此儘管特種作戰"群",這種國內戰鬥單位較罕見的組織存在的期間(2007-2013年)不長,但歷任的群指揮官當中不乏由留外背景的幹部出任,指標性的人物包括均為留外軍校與駐美武官出身的劉家燊、張宗才與余劍鋒。而余劍鋒在2011年執行「漢光27號演習」時,身為「特戰862群」的指揮官扮演著紅軍空降團的角色,率領二百多名(含8名女兵)身著城市迷彩的傘兵空降在清泉崗基地。後來在美取得博士學位後,擔任陸軍軍官學校第33任的校長;這也是陸軍官校建校百年來,首位由留外軍校畢業生出任該校校長一職的紀錄。

　　在這一段期間,特戰群的官兵們除了「漢光演習」例行擔綱的假想敵任務外,每一年均開展獨特的「山隘行軍訓練」,這也是與早期讓役

第四章 航空特戰的新時代

男難以忘懷的長距離行軍訓練類似,官兵們在 3-5 百公里的路程當中,區分特戰小組訓練、特戰分隊戰鬥教練,以及特戰區隊戰鬥教練等多個階段,訓練結合作戰區的指導,驗證後勤運補路線道路狀況、山隘要點、風災後山區兵要蒐報、通信中繼台位置選定⋯等要項。這些不同於其他單位刻苦的野營訓練,讓他們對於這一片土地有更深一層的認識,也鑄造了更堅強的心理素質,日後都成為特戰部隊役男們最佳的回憶。

我國是美國以外第一個操作 AH-64E「守護者」攻擊直升機的國家,性能足以輾壓亞洲各國。此為虎斑鯊魚嘴的特殊塗裝,是 2023 年湖口營區開放日的紀念塗裝。（Photo/ 王清正提供）

這一次部隊的改編,雖然在人力規模上受到實質的刪減,「旅」級的番號不再出現在空特部隊中,但重點在於陸軍陸續採購了高檔的直升機,也就是「天鷹案」的 AH-64E「阿帕契」（Apache）攻擊直升機,和「天鳶案」的新一代 UH-60M「黑鷹」（Black Hawk）通用 / 運輸直升機。值得一提的是,當年參與 AH-64「阿帕契」攻擊直升機建軍；也是國內首位在美試飛該型機的飛官,即是現任的「航空特戰指揮部」的指揮官：楊承華。

左｜AH-64E攻擊直升機的火力強大，除了機頭下方的30mm機砲外，兩翼還能攜帶對空飛彈、反裝甲飛彈和火箭，十足是裝甲部隊的噩夢。（Photo/ 黃竣民攝）

右｜陸軍軍官學校創校百年迄今，首見由美國軍校畢業的余劍鋒出任校長職。（Photo/ 余劍鋒提供）

AH-64「阿帕契」攻擊直升機是多國垂涎的攻擊直升機種，它的戰鬥力強悍舉世皆知，在1991年「沙漠風暴」行動中的100小時地面戰，就擊毀超過250輛以上的伊拉克戰車和無數的裝甲車與卡車。尤其是台灣所採購的還是時下最先進的AH-64E「守護者」（Guardian）版本，還是美國本身以外最早操作AH-64E攻擊直升機的外國客戶。它在主旋翼的頂端搭載了AN/APG-78「長弓」（Longbow）毫米波雷達，可偵測8公里內超過250個空、地目標，相容導引武器可同時攻擊16個最具威脅性的目標，幾乎一架就可以同時殲滅一個戰車連，因此坊間也就紛紛給它冠上「坦克殺手」的外號。AH-64E直升機在數位化資訊連結的能力上也大幅強化，可與「聯合戰術情報分配系統」（Joint Tactical

Information Distribution System, JTIDS）構聯並分享情資，軟/硬體戰力較原先的 AH-1W「超級眼鏡蛇」攻擊直升機，有了更高一個檔次的實質提升。

儘管接收數量僅有當初採購的一半，但 UH-60M 直升機的成軍，對於航特部而言，總是還有久旱逢甘霖的喜悅。（Photo/ 王清正提供）

而「天鳶案」採購 60 架 UH-60M 特戰/運輸直升機，卻因為政治決策直接將這規劃數年的成效砍半（移撥內政部空勤總隊 15 架、空軍 15 架）。它搭載 T-700-GE-701D 渦輪軸發動機、改良的變速箱、寬旋翼系統、「整合式載具健康管理系統」（Integrated Vehicle Health Management System, IVHMS）、「通用航空電子架構系統」（Common Avionics Architecture System, CAAS）的駕駛艙套件⋯為陸軍特種部隊的垂直立體突擊作戰提供了強大的翅膀。這些身價非凡的空中騎兵旅，已經成為全陸軍中數一數二的"高大上"（高端、大氣、上檔次）單位，單位的建軍成本與日常訓練維持費用總是能吸引所有人目光，如果說他們是新時代的陸軍驕子，其實一點也不為過！

當國軍「精粹案」推動後，「陸軍特種作戰指揮部」於 2013 年開

始便裁撤麾下所屬的2支特戰群（第862、871群），將這2個群縮編成5個營級，並改由指揮部直接指揮管制下轄的這些特戰營。這與德國「聯邦國防軍」（Bundeswehr）目前的傘兵指揮鏈類似，採用了非傳統跳級式的建制關係（德軍則是由團級直接指揮連級，取消了營級的編制）。之後的特戰營便以輪替的方式，自2014年起陸續展開數百公里的「山隘行軍訓練」，行軍沿途部隊得挑戰孤困地形，結合狀況實施水域作戰、陸空聯訓、防災教育、軍事定向越野、夜間行軍、戰傷救護⋯等多元訓練，爾後也成為特戰營官兵固定要接受訓練的科目。而每逢年度的「漢光演習」，特戰部隊還會扮演一項較為特殊的角色，那就是擔任假想敵的紅軍，因此也能在媒體的報導中看到他們穿著特殊的服飾（如城鎮迷彩服）登場，模擬紅軍進攻的戲碼，堪稱是演習中的"苦力"之一！

左｜特戰營官兵的年度訓練，在近年轉為更貼近實戰的「戰術任務訓練」，為作戰區內的重要防護目標提供安全保障。（Photo/ 王清正提供）
右｜在廢除令人詬病已久的刺槍術後，特戰部隊官兵改練近戰格鬥術。（Photo/ 黃竣民攝）

由於島上具備高度都市化的地理環境，城鎮作戰在軍事戰略改變的同時，對陸軍而言已非是未來作戰的趨勢，而是當前作戰訓練的現實。「陸軍特種作戰指揮部」在擔任快速反應部隊的角色時，特別是在大台北都會區或是重要港口、機場的反突擊任務，麾下部隊所接受城鎮作戰的訓練絕對超過守備旅等級。近年來更接受美軍小組作戰的概念，以6名特戰官兵（包含前觀、前管、狙擊、爆破、通信與救護）為基本編組，或是靈活配置狙擊手、爆破手…等專業士兵編組12、24人團隊執行任務，訓練「限制空間戰鬥」（Close-Quarters Battle, CQB）、城鎮戰、近戰格鬥、狙擊、快速繩降…等戰技也成效顯見。

左｜特戰6人小組除了各有專長外，為適應作戰環境所需，還配有特殊的「無人地面載具」（Unmanned ground vehicle, UGV）。（Photo/ 王清正提供）

右｜特戰營近年大幅接受美軍6人小組的作戰概念，不論是城鎮戰、CQB…等戰技，已有不同於以往的成效。（Photo/ 王清正提供）

為了更貼近各單位的實際作戰任務，近年特戰指揮部也採納了美軍的建議而調整了訓練型態，由各特戰營結合下屬連隊的各重要防護目標（港口、雷達站、電廠…等），進行所謂的「戰術任務訓練」。在訓練過程中結合想定，實施現地戰術、負重行軍、戰術機動（徒步、車輛、直升機）、應用射擊（「姿態射擊」、「障礙板射擊」、「縱向射擊」）、陸空通聯、傷患處置與後送、小部隊戰鬥與空中突擊作戰…等課目進行演練，結合到各作戰區的任務特性以更貼近實戰狀況，提升各級特戰部隊的戰場應變能力，維持特戰部隊高機動性的作戰能量，並朝「小群、多能、模組化、全天候」適應聯合作戰之精銳部隊轉型發展。

左｜應用射擊課目在特戰部隊中推廣最早，讓官兵的實彈射擊課不再只是靜態目標三線（75、175、300公尺）射擊。（Photo/ 特指部提供）

右｜特戰小隊的概念不論是在城鎮戰、CQB…等戰技上，官兵都有不同以往的新風貌呈現。（Photo/ 特指部提供）

第四章 航空特戰的新時代

左 | 女性狙擊手與架在特戰突擊車上的「巴雷特」M107A1 狙擊槍，可見該槍搭配 AN/PVS 22 型夜視鏡，槍管也裝有 QDL 的滅音器。（Photo/ 王清正提供）
右 | 擔任假想敵的特戰營官兵，在年度的「漢光演習」中經常引人注目；其中也包含新一代的政治明星。（Photo/ 王清正提供）

近年來，從航特部中退伍者最有社會聲量的人物，莫過於是致力於在社會上推動「後盾計畫」的吳怡農，也就是「壯闊台灣聯盟」的創辦人，為近期政府所推動的「全社會防衛韌性」貢獻更多的力量。其他也有前往法國「外籍兵團」（Légion Étrangère）挑戰自我的例子，如俄羅斯在 2022 年對烏克蘭展開「特別軍事行動」後，烏克蘭政府曾呼籲各國人士踴躍加入新成立的「國際防衛軍團」（International Legion），以期一起對抗俄羅斯的入侵行動；而台灣也有年輕志士前往戰地，陳晞便是其中之一。他先前曾遠赴法國加入「外籍兵團」服役了 5 年，俄烏開戰後不久，便輾轉加入了烏克蘭「國際志願軍團」的行列，返國後將其

8個月的種種戰地經歷加以出版¹，成為國內罕見的出版品。另一位則是於2024年10月底，在烏東頓內茨克州阿夫迪夫卡陣亡的吳忠達；他也是第2位在烏克蘭戰死的台籍志願兵。

左｜陳晞在航特部退伍後，前往烏克蘭加入抗俄的「國際志願軍團」行列。（Photo/陳晞提供）

右｜具備空中機動突擊的作戰能力，是特戰營能迅速抵達目標區的強項。（Photo/王清正提供）

除了直升機部隊獲得強大的戰力外，無人機的發展及運用，也是國軍建軍計畫中熱門的項目之一。而陸軍也在無人機部隊的建置上拔得頭

1　《我不做英雄：一個台灣人在烏克蘭的戰爭洗禮》，燎原出版。

籌，率先海、空軍在 2010 年以「銳鳶專案」為名，準備接收國軍的第一批無人機並成軍；隨後在 2013 年 9 月成立了「陸軍戰術偵搜大隊」，並分別在北、中、南等 3 處建置據點，操作中型的國造「銳鳶」無人機，執行偵察與戰場管理的任務，為國軍的其他軍種在無人機領域上優先積累經驗與參數。此外，還有小型的「紅雀」無人機，也在特戰營的戰訓任務中被亮相過。這種類似美軍 RQ-11「渡鴉」（Raven）式無人機，旨在提供連級部隊近距離的低空偵察、監視與目標辨識用，也讓國人對於無人機的運用有了更廣域的看法，儘管這一款無人機後來沒有裝備在特戰營，而是由海軍陸戰隊使用，但是這些概念與驗證都是在航空特戰部隊中率先萌芽。

左｜「陸軍戰術偵搜大隊」是國軍首支操作無人機的單位，比海、空軍或海巡更早幾年，雖然後來移編給海軍。（Photo/ 黃竣民攝）
右｜美國陸軍在 2000 年左右時所使用的 RQ-11A「渡鴉」型無人機。（Photo/ 黃竣民攝）

儘管後來中型無人機隨任務進行編制的調整，於 2017 年 9 月 1 日改隸海軍繼續執行偵蒐任務，也讓特戰指揮部的無人機需求能更專注於城鎮複雜地形的小部隊戰鬥。而自「雙亞戰爭」及「俄烏戰爭」的實戰經驗顯示，民用無人機在近距離的戰鬥中屢建奇功，往往都能以小博大，獲得不少的戰果，因此在許多國家的軍隊中也興起無人機大練兵的風潮。我國雖然在研製小型無人機的領域中起步較晚，近年也成立亞洲無人機 AI 創新應用研發中心，結合軍方目前採用「軍用商規」的策略下，為累積「不對稱作戰」的實力，計畫將在未來 5 年內採購多達三千架各類型的無人機；包括所謂「遊蕩炸彈」（Loitering munition）的自殺無人機，未來在各部隊中，可能排級就會有無人機的裝備出現。

左｜「黑蜂奈米」微型無人機的特寫與操作面板。（Photo/ 黃竣民攝）
右｜特戰指揮部未來如果有「黑蜂奈米」微型無人機加入，對特戰部隊的任務執行將如虎添翼。（Photo/Teledyne FLIR）

　　尤其美國在 2023 財年的《國防授權法》實施後，美軍顧問又開始

第四章
航空特戰的新時代

在台灣活躍了起來。從媒體不斷曝光的消息指出，有美軍特戰人員開始在協助台灣特戰部隊學習使用重量僅33公克的「黑蜂奈米」（Black Hornet Nano）微型無人機，作為爾後特戰行動的近距離偵蒐利器。這一款原為挪威所研製的微型無人機（已於2016年遭美國Teledyne FLIR公司併購），目前是北約軍隊中的熱門產品，並深受各國特種部隊的喜愛，而它也在美國軍援烏克蘭抗俄的品項內。雖然它的單價高達19.5萬美元，但已有超過廿個國家在使用；尤其多為特種部隊。「黑蜂奈米」微型無人機可手動發射，飛行時間長達25分鐘，導控距離可達2公里，特點是如果在偵察建築物內部時失去GPS或通聯，它也能夠自動原路返回，並與操作手重新建立聯絡。目前陸軍也已經呈案，希望能建案採購這一型性能優異的微型無人機，期望未來在「國土防衛」中讓特戰部隊能更如虎添翼。

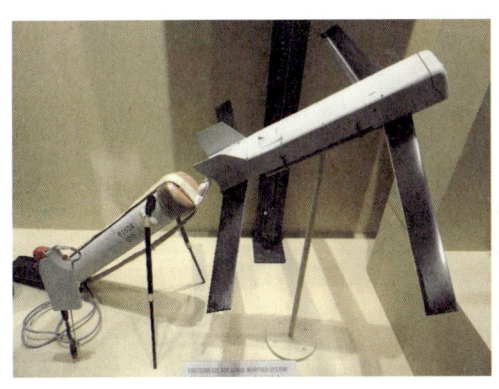

左｜我國已向美採購「彈簧刀-300」（Switchblade 300）自殺無人機，以提升未來國土防衛的地面戰力。（Photo/ 黃竣民攝）
右｜除了對美採購外，我國亦自力研製由單兵可攜行的相關產品，如「巡飛彈 I 型」自殺無人機。（Photo/ 黃竣民攝）

另外，2024年美國「國防安全合作局」（Defense Security Cooperation Agency, DSCA）更宣布，批准由「安杜里爾」（Anduril）工業公司所研製的Altius 600M-V型遊蕩炸彈軍售案。這是一款設計能延長續航時間（最長飛行時間近2小時、航程約160公里），並由一名操作手能控制多架無人機飛行，還能具備精確打擊能力的自殺無人機，能夠同步執行監視和攻擊靜止或移動目標。它可以在目標上空徘徊長達20分鐘，配備了專門的反裝甲彈頭，射程約為30公里。這對於灘岸登陸的敵軍裝甲目標而言，可是一項嚴重的威脅了。

而為了強化不對稱戰力，國軍也將在「南測中心」成立無人機中隊，以適用於城鎮戰場的監偵與攻擊任務。陸軍也著重於無人機訓練能量的規劃，為適應未來不對稱作戰型態及戰場需求，並整合各類型無人機「教育、訓練、測考、研發」的機制，預計要在5年內訓練出超過4千名合格的"飛手"，建構一支防衛作戰新型態的殺手鐧。

Altius 600M-V 型反裝甲型自殺無人機，能構成反登陸與灘岸戰鬥時對裝甲目標的精準打擊。（Photo/U.S. Army）

第四章
航空特戰的新時代

　　當 2022 年俄羅斯對烏克蘭採取「特別軍事行動」後，這場戰爭也凸顯出未來軍備發展的幾個面向，而世界潮流也的確正迅速往趨勢修正中，其中之一便是無人機的大量投入戰場，嚴重壓縮武裝直升機的未來發展。先前美國已經終止了 RAH-66「科曼奇」（Comanche）武裝直升機的發展；即便它在匿蹤性、速度、火力、資訊優勢、生存力…各方面的性能幾乎都遠遠超越當代的產品，但美軍當時還是決定把心一橫，確定要以無人機逐步做為偵察用途的主力。去年（2024）的年初，美國陸軍更中止了「未來攻擊偵察機」（Future Attack Reconnaissance Aircraft, FARA）的計畫，硬生生地讓「貝爾-360」（Bell 360）的「不屈」（Invictus）式攻擊偵察直升機直接躺平！美國已經確認各軍種仍有武裝偵察的需求，但技術已經要徹底改變，也不再依賴有人駕駛直升機去執行這類的任務，而是用無人機和感測器來替代，空中偵察已經發生了根本性的變化！

左｜美國軍方投入超過 80 億美元的研發經費，最終造出兩架 RAH-66「科曼奇」武裝直升機的原型機，結局只能躺在博物館！（Photo/ 黃竣民攝）
右｜受到俄烏戰爭的影響，攻擊直升機已不再受到先前的關愛，即便連性能優異的「貝爾-360」（Bell-360）「不屈」式攻擊偵察直升機，也得發出"英雄無用武之地"的感嘆！（Photo/Bell）

打從上一個世紀80年代「地空整體戰」讓武裝直升機成為地面戰爭的新主角，光芒甚至已讓坦克退位，但俄羅斯先前派出大量的武裝直升機前往烏克蘭前線作戰，卻遭受到極為慘重的損失（估計超過上百架武裝直升機）。隨著戰事的拖延，俄羅斯武裝直升機出場的次數大減，更開始逐漸退居到第二線，這讓觀察戰爭的各國軍事人員也開始考慮，是否要減少武裝直升機的數量。而這樣的一個思維已經陸續在日本、德國發酵，除了明確制定無人機的重點發展方向外，並陸續汰除武裝直升機的數量。例如日本在2022年年底的《防衛省發展計劃》中明確表示無人機的發展方向，並將汰除「陸上自衛隊」（JGSDF）的攻擊直升機，退役的機種包括：47架AH-1S、33架OH-1和12架AH-64D攻擊直升機，並用無人機取代其功能；而德國也明訂出讓「虎」（Tiger）式攻擊直升機退場的階段時間表。這些舉動是否會引起其他國家軍隊後續的連鎖效應，而我國在AH-64E攻擊直升機之後的接替機種又將如何思考，深值觀察與預做因應。

左｜日本「陸上自衛隊」明確無人機的發展方向，將汰除包含號稱是「東瀛忍者」的OH-1等近百架攻擊直升機。（Photo/ 黃竣民攝）

右｜各國已陸續提出將研製「偵察/打擊一體」的無人機，以取代原本攻擊直升機的角色，未來航特部將如何因應？（Photo/ 黃竣民攝）

第四章
航空特戰的新時代

　　在陸軍航空兵部隊年度當中的重頭戲，便是實彈射擊的「神鷹操演」，對於陸航的攻擊/戰搜直升機飛行員而言，除了磨練飛行技術外，更是考驗射擊技能的最佳時機。尤其近年來在兩岸關係的緊張下，這樣的操演模式也較以往有明顯地改變，名稱也改為「海空精準彈藥射擊操演」；而「神鷹操演」只是其中的一部分。

　　新制實彈射擊訓練的作法，將由各作戰區編組指揮所與火力協調中心，指揮轄內各型精準彈藥的載台，機動南下至屏東的九鵬基地、三軍聯訓基地，實際演練戰時火力反擊的指揮管制、接敵、截擊…等程序，讓官兵能累積更多仿接戰的實際經驗。未來也會採常態化、多頻次的方式按計畫流路執行，一改先前"捨不得打"的射訓觀念，並積極進行彈藥推陳，此作法深值肯定。

　　陸軍航特部的下屬單位在這個操演中，按例會派遣 AH-1W、AH-64E 阿帕契攻擊直升機和 OH-58D 戰搜直升機，完成武器掛載後依令起飛至射擊海域，依序進行 AIM-9「響尾蛇」（Sidewinder）、AIM-92「刺針」（Stinger）飛彈的空對空、AGM-114「地獄火」（Hellfire）飛彈的空對海實彈射擊。為凸顯陸航直升機的夜戰能力，在夜間射擊的科目中針對晝間相同的照明彈與靶船目標，一樣能給予目標精準的打擊。

左/右｜陸航「神鷹操演」是「海空精準彈藥射擊操演」的一環，著重於直升機空對空、空對海的反制作戰。（Photo/ 吳政耀提供）

空投悍馬車、技術上層樓

空投悍馬車輛,也是最近十年來空降部隊較受矚目的年度「漢光演習」操演科目。（Photo/ 莊富元提供）

除了地面上有城鎮戰、戰術任務訓練對外展現特戰部隊訓練的艱苦卓絕與靈活彈性戰術運用外,在空中的武力投送也進入了另一個檔次。有鑑於中國人民解放軍的空降部隊在 2005 年已列裝 ZBD-03 型空降戰車,並完成空中實裝實投的試驗與訓練,讓空降兵從純步兵向摩步化部隊轉型。國軍在歷次作戰中雖然空投作業已很有經驗,每年也有定期執

行空投糧秣、油料與裝備…等物資的演練，但針對相應敵情的威脅提升，我國雖然在武器編裝上並沒有類似的輕裝甲戰鬥車款相對照，但原本的空投作業或許已無法滿足未來的作戰需求，於是如何讓車輛空投後，能夠成為地面傘兵部隊機動火力載具的想法便油然而生。但先前並沒有從 C-130H 運輸機空投過"妥善車輛"的紀錄（先前都是用已報廢的空車做練習，即便摔壞了在程序上也比較好處理；但如果是一輛妥善車輛被一空投就報廢，那執行單位承受上級責難的壓力便可想而知），因此這任務對於當時「空降訓練中心」而言的確是一項挑戰；連時任指揮官的駱貞俊上校都自承有沉甸甸的壓力。

這樣的重裝備空投試驗，乃利用拖曳傘的阻力作用原理，將繫綁在空投平台上的悍馬車拉出機外，再藉由傘拖力量將 3 具 G11A 型重裝備傘張開，然後平台以每秒 50 呎的速度下降，約 20 至 40 秒即可完成著陸。為了執行這樣史無前例的任務，空訓中心與空軍運輸聯隊的相互配合不在話下，光是裝載作業要解決車體配重平衡的問題、使用大量蜂巢紙進行減震、傘具的檢整…等無一不得馬虎。空投連為了能順利執行悍馬車重裝備空投的任務，他們與空軍運輸聯隊歷經三個多月的時間不斷反覆模擬演練，光是將悍馬車（含平台及減震設備重約 4.5 噸）推進跟推出機艙就不知道演練幾次，期間更發生過因拖曳傘老舊導致傘繩斷裂，而未能順利投出的失敗經驗。

不過這些努力並沒有白費，官兵們從失敗中找到問題並改進，終於在 2015 年的「漢光 31 號演習─聯雲操演」中，率先在屏東的昌隆農場

進行成功試投，隨後在同一年度的「漢光演習-聯合空降暨反空降作戰」科目，再次於台中清泉崗空軍基地執行。C-130H 運輸機除了照舊空投物資與傘兵外，也首次自 1,100 呎高空空投一部悍馬車，當車輛落地後，地面接收的官兵會先檢查車況，拆除減震用的紙板，架設武器裝備後，立即投入演練行列。此後，這樣重裝備的空投操演也已經成為日後演習的固定科目。

看著車輛順利拖出、落地，也讓空投連官兵的辛勞沒有白費。（Photo/ 特指部提供）

老母雞有回憶、新型機有期待

　　回顧傘兵空降作戰所搭乘的輸具，歷經這八十年的演進，其實並沒有幾款機型在更迭。從1942年我國開始接收「道格拉斯」（Douglas）的C-47「空中列車」（Skytrain）開始組成了空運隊，該機是由DC-3民用客機所改裝而成的軍用運輸機，這些改裝包括安裝貨艙門、起重附件、機艙頂部的天文圓頂、強化的地板，以及用於滑翔機牽引鉤環的縮短尾錐⋯等。英國人稱它為「達科塔」（Dakota），可能受到道格拉斯飛機公司運輸機縮寫"DACoTA"的啟發。在二戰中，它應該是軍事航空史中最具有影響力的機種之一，除了後來各場傘兵參與的空降作戰外，尤其是美軍飛行員透過「駝峰」的飛行從印度將物資運進中國內陸，讓抗日戰爭得以延續下去。

左｜1944年於中國戰區的C-47運輸機，這些均屬於「中國航空集團公司」（CNAC）與「泛美航空公司」共同擁有（中國政府持有多數股權）。（Photo/CNAC）
右｜C-47運輸機可運載6,000磅（約2,700公斤）的貨物或28名全裝的傘兵。（Photo/USAF）

C-47 運輸機在二戰時為盟軍提供了不可抹滅的空中運輸能量，美國當時亦通過《租借法案》向國民政府提供了 C-47 及 C-53「空騎兵」（Skytrooper）運輸機（C-47 的衍生型），作為運輸及傘兵跳傘使用，早期的傘兵第 1 團在實施空降訓練，到日本投降前夕由傘兵突擊隊所執行的幾場戰鬥，都可以說是由這一款勞苦功高的運輸機在賣力演出。

為確保傘兵著陸後能盡速成建制地投入戰鬥，C-47 運輸機的飛行編隊就很重要。（Photo/USAF）

　　看看它的性能，能夠裝載 28 名士兵或 6,000 磅（2.7 噸）貨物、升限：26,400 呎（8,000 公尺）、最大航速：360 公里 / 時、航程：1,600 哩（2,600 公里），在歐洲戰區也獲得了「傻鳥」（Gooney bird）的暱稱。在空投傘兵時，C-47 運輸機中隊會以 9 機的大雁隊形進行編隊飛行；一個 18 架的中隊將是 2 個 9 機的大雁飛行編隊（Vee of Vees）。緊密的隊形，對於確保傘兵部隊在空降區著陸後，能否成建制地投入戰鬥至關重要，要是空投散佈的面積過大，很不利傘兵後續的集結與後勤補給。

第四章 航空特戰的新時代

C-47 型運輸機可以說是二戰期間最勞苦功高的運輸機，也是中國傘兵最初期實施空降訓練與作戰的主力機種。（Photo/ 黃竣民攝）

二戰末期到抗戰勝利後，國府傘兵一度併用 C-47 和「柯蒂斯」（Curtiss）的 C-46「突擊隊」（Commando）運輸機。C-46 運輸機其實也是從商用的高空客機改良而成，當時它推出時可是世界上最大的雙引擎飛機，但是操縱它的飛行員們卻對它取了不少惡名昭彰的外號，包括：「鯨魚」（The Whale）、「柯蒂斯災難」（Curtiss Calamity）、「水管工的噩夢」（Plumber's nightmare），「飛行棺材」（Flying coffin）或「豬小姐」（Miss Piggy）等等。有些飛行員會說："如果你能駕駛 C-46 運輸機，那麼你就能駕駛任何東西"！因為 C-46 運輸機首飛時可是世界

上最大的雙引擎飛機，它比 B-17 或 B-24 型轟炸機更長、更高、翼展也更寬。

美軍在二戰「駝峰行動」中，C-46 運輸機還取得過罕見"空戰勝利"的紀錄，本身沒有武裝的 C-46 運輸機遭遇到日本戰鬥機攻擊，當時的沃利・蓋達（Wally Gayda）上尉情急之下，拿起一把勃朗寧（Browning）自動步槍從駕駛艙窗口伸出，對著日軍「中島」（Nakajima）的「一式」（Ki.43）戰鬥機打空了整個彈匣，幸運的是子彈擊中了毫無戒心的日機飛行員，這一架盟軍稱為「奧斯卡」（Oscar）的戰鬥機就這樣被擊墜了。這種以運輸機擊落戰鬥機的離奇空戰故事，也讓 C-46 運輸機天上另一個的傳奇故事。然而，不得不說 C-46 運輸機在中緬印戰區和遠東地區的表現贏得大家的信賴，畢竟它在高空與適應野戰的性能更可靠，面對暴烈天氣、更重的貨物載荷、缺氧的高山航線、簡易的機場設施…它的表現都比其他機種好，也不需要面對納粹德國強大的防空砲兵威脅，相較起日軍防空火力的等級差別過大。但是它需要大量的機械和維護卻是地勤人員的噩夢，而大馬力的發動機也帶來的驚人油耗，致使它的操作成本比起 C-47 幾乎要高出 50% 左右，也是令人卻步的原因。

第四章 航空特戰的新時代

二戰結束後，國民政府大量接收了 C-46 型運輸機，成為空中運輸的重要機種。圖為 1948 年 8 月剛完成檢修和噴漆的 C-46D 型運輸機。（Photo/Commons license）

雖然比起 C-47 運輸機而言，C-46 具有大型貨艙門，強大的引擎（2,000 匹馬力的發動機可讓航速達 370 公里/時）和長程飛行的能力（超過 5,000 公里），高運載容量（6.8 噸或 50 名乘客，幾乎是 C-47 的兩倍），使其更適合太平洋島嶼之間的遠程作戰，遠比它在歐洲戰場上的表現更好。但 C-46 因為設計上的缺陷，主油箱沒有自封式的防彈設備，因此中彈後容易起火，在漫天高砲火網的歐洲戰場上生存性反而較低，成為傘兵們不喜歡搭乘的機種；前美軍「第 18 空降軍」軍長李奇威（Matthew Bunker Ridgway）就曾一度拒絕使用 C-46 運輸機為其官兵進行空降任務，便可知道該機為何是"空中火種"的稱號了。

左｜C-46型運輸機從二戰到「823砲戰」，在我國空軍的運輸史上也寫下舉足輕重的一頁。（Photo/Ken Fielding）

右｜C-46型運輸機優異的性能在中緬印戰區獲得好評，飛越「駝峰航線」的運補任務更為後人永誌難忘。（Photo/黃竣民攝）

　　第二次世界大戰結束後，國府購置美軍的剩餘物資，總計超過180架，後續在國共內戰中繼續擔負運補的任務。撤退來台之後，該型機編制在空軍第6混合聯隊的序列下，駐地為屏東機場。在1940年代晚期至1950年代早期，台灣還經常靠它對大陸實施敵後滲透作戰，儘管當時的操作成本高，然而美國的「中央情報局」（CIA）卻對它情有獨鍾，經常作為間諜行動中運用。直到1958年爆發的「823砲戰」期間，我軍冒險對金門執行空投運補任務，出勤超過6百多架次、空投各式軍品近1,800噸，才凸顯出機齡老化、運量不足的問題，導致同年10月美國才認真考慮要提供較新型的C-119「飛行車廂」（Flying Boxcar）運輸機。

1958 年，我國空軍開始換裝 C-119 型運輸機，之後為國軍服務了將近 40 年。（Photo/ 國軍歷史文物館）

美國「費爾柴德」（Fairchild）研製的 C-119「飛行車廂」運輸機，剛推出不久就參與了韓戰，並曾在著名的「長津湖戰役」（Battle of Chosin Reservoir）中創下罕見的紀錄。當時「中國人民志願軍」以 3 個軍（第 20、26、27 軍）追擊撤退中的聯合國軍，唯一退路上的水門橋遭炸毀，於是美國空軍派出 8 架的 C-119 運輸機空投了 8 個 M2 型車轍橋的組件，才讓以美國陸戰第 1 師為主的聯合國軍部隊免遭受共軍圍殲的命運。

然而該型運輸機在初期時是以借貸的方式軍援我國，以持續支援運補金門的行動，並逐步替換 C-46 型運輸機。隨後由於 C-46 運輸機機齡老化，缺乏料件更換導致妥善率下滑，我國陸續向美提出軍援需求，經

過數次的「天鵝計畫」換裝後，我國在最高峰的時期擁有數量達 114 架的 C-119 運輸機，成為當時全球數量最龐大的 C-119 機隊，其操作經驗也是全世界最豐富的，而國軍的 C-46 則到了 1969 年全數除役。從此被資深一輩傘兵稱之為"老母雞"的 C-119 運輸機，便在台灣服役了近 40 年（1958 至 1997 年），成為中生代傘兵記憶最深刻的機種。

在資深傘兵們口中素有"老母雞"的 C-119「飛行車廂」運輸機，在台服役期間創下飛行 75 萬小時、輸送人員二百餘萬人次、運補貨物達數百萬噸的紀錄。（Photo/ 黃竣民攝）

　　C-119 運輸機在設計上有效提升了飛行員的視野、擴大貨物載運區並簡化空氣動力學，機尾的貨艙門（俗稱的蚌殼門）可執行重裝備空投，雙排座椅共可搭載 42 名傘兵，可從兩側機門（長 72 呎、寬 40 呎）跳出，

傘兵使用 T-10 型降落傘空跳時，空速為 125 浬/時。

　　C-119 運輸機在服役期間也肇生過一次重大的遺憾事故，那就是執行反攻大陸的「國光計畫」中，一場名為「青河 7 號」的最高機密演習，由空軍第 6 聯隊第 6 中隊的 2 架 C-119 運輸機載運 70 名傘兵欲實施空降，結果在林口上空遇到密雲，導致僚機撞上觀音山爆炸，造成 6 名機組成員及 33 名傘兵全部殉職的不幸事故。即便撞機事件發生迄今已逾五十年，仍然沒有辦法將這案件解密公諸於世（據稱其中還包含有外籍人士），只在桃園的忠烈祠中保有一個沒有人名的特殊牌位，紀念那些在這一起空難事故中罹難的傘兵菁英和機組人員。

　　除了 C-119 運輸機外，還有少量「費爾柴德」的 C-123「供應者」（Provider）運輸機也為傘兵空降（投）服務過，但較少被提及。主要是這一批 5 架的 C-123B 運輸機是美國中央情報局所購置，初期用於對滲透在中國大陸的特工人員進行空降（投）任務，也就是所謂的「南星行動」（Southern Star operation）。為了達成秘密滲透大陸沿海飛行的前提，這一批飛機還先送去「洛克希德」（Lockheed）公司著名的「臭鼬工廠」（Skunk Works）進行改裝成 C-123K 型，隨後交由我國空軍的「第 34 中隊」（即著名的「黑蝙蝠中隊」）使用。該機搭載 2 具 J85-GE-17 噴射發動機（每具可輸出 2,500 匹馬力），最高航速 380 公里/時，航程 2,090 公里，實用昇限 29,360 呎，可運送 60 人（11 噸物資）。其高翹的機尾設計便於空投補給品及傘兵空降，優異的短場起降能力（<400 公尺），可在簡陋的跑道上起降更是其長處。隨著 1972 年 3 月

「南星行動」畫下句點，美方的情報人員撤出後而飛機則移交給我國繼續使用；後來因零件補充不易，於1970年代曾一度停用，經大翻修後剩2架勉強繼續撐到1982年，才終於全數功成身退。

C-123型運輸機具有優異的短場起降能力，在那幾年的「南星行動」中也扮演過重要角色，但數量太少且維護困難，後續很難成為我國空運機隊的主力。（Photo/ 黃竣民攝）

　　C-119型運輸機可以說是1950年代的運輸機代表，不過它裝備的活塞發動機，以這種航空動力為來源的技術也幾乎到了極限，性能已無法讓美軍滿足。隨著時光流逝，當C-119運輸機也露出疲態之後，美國透過軍售法案，於1984年6月中旬同意出售我國C-130H「力士」

（Hercules）型軍用運輸機以取代已趨老態的 C-119 運輸機，並於 1986 年底開始交付，總計採購 20 架分三批次於 1997 年年底交付完畢。C-130H 運輸機成為當前的空中「軍馬」（Work horse），飛行任務多元到運輸人員、軍品，人造雨，還得擔負外島春節疏運、空降/投⋯等任務。C-130「力士」型運輸機的動力換裝 4 具「艾利森」（Allison）T56-A-15 渦輪螺旋槳發動機，讓它的燃油效率更好而具有更大的航程達到 8 千多公里，貨艙可容納 92 名一般乘客或 64 名傘兵。「陸軍空降特戰司令部」成功在 1987 年 5 月中旬首次利用 C-130 運輸機進行 2,000 呎的跳傘訓練，當時老一輩的傘兵首次搭乘到這一種有冷氣吹的運輸機時，差點感動到痛哭流涕！之後該型機還與 C-119 運輸機一同執行傘兵的空降任務，直到 1997 年年底 C-119 運輸機全數除役後，目前只剩下 C-130H 運輸機在負重飛行了！

C-130H 運輸機雖然並非戰鬥機種，但繁重的任務卻不免加速其老化的程度，吃重的勤務連原廠都感到吃驚。（Photo/ 莊富元提供）

儘管 C-130H 運輸機的性能不差，但畢竟第一批飛機也已經在我國服役逼近四十年了，雖然說是老驥伏櫪，但也難掩我國空軍的空運機隊後繼無力的窘狀！我國的飛航環境比較特殊，除了飛南沙太平島需要超過 4 小時以上的航程外，其餘在台灣本島或離島之間的運輸多在 1 小時左右的飛行距離之內，因此起降次數平均 5 次 / 日以上，遠高於設計用量，雖然 C-130H 發動機未達使用期限，機體的金屬結構卻早已呈現金屬疲勞與鏽蝕的狀況。連製造商「洛克希德・馬丁」（Lockheed Martin）公司在 2015 年的評估報告中就指出，基於飛安上的考量，部分 C-130H 運輸機無法進行機體結構強化，因此建議要直接汰換！儘管有這些建議提出，然而數年過去了，卻始終未能獲得改善。

看到當前空軍的空中「軍馬」，也不免因為過勞而顯露出一點感傷，在這個軍 / 民可通用的空運機投資上，希望能盡快見到國軍運輸機隊的更新換代。（Photo/ 莊富元提供）

而交通部民航局在 2018 年 10 月初也通過法規，對機齡超過 26 年的飛機從 2020 年起不再發給適航許可，以維護飛航的安全。環顧周遭各國的運輸機隊現狀，中國人民解放軍的「運-20」（Y-20）「鯤鵬」運輸機早已橫空出世，日本換裝「川崎重工」（Kawasaki）研製的 C-2 運輸機，南韓使用了新的 C-130J 型運輸機，連菲律賓、越南、泰國所訂購的歐製 C-295 型運輸機都全數交機完畢，然而我國空軍下一代的運輸機卻還沒有著落。針對當前空軍少數能夠飛出「防空識別區」（ADIZ）的 C-130H 運輸機而言，這樣困窘的運輸機隊現況，的確讓空軍的運輸聯隊很難在周邊國家抬得起頭。

雖然空軍已決定要對 C-130H 運輸機執行航電系統的性能提升計畫，將對電子儀表及各裝備做性能提升，以改善「力士」機現在的疲態，這些努力終於在 2024 年通過預算，得以從 2025 年至 2030 年期間執行 20 架 C-130H 運輸機的升級作業，確切項目包括整合式座艙介面、安全避撞、海上搜救、全球精準定位⋯等多項子系統，也算是久旱逢甘霖了！不過這些運輸機在繁重的日常運補、空降⋯任務中，不管是站在軍或民的立場上，都期望國軍能有下一代的新機種出來接替；或許不需要更大、但一定要更新才行！

勇闖「惡人谷」、養成「突擊兵」

　　早期在美軍顧問團建議下，陸軍也決定建立仿美軍「突擊兵學校」的訓練班隊，並於1960年派遣首批人員李建中等人前往美國喬治亞州的「班寧堡」步兵學校（United States Army Infantry School）接受培訓。次年，種子教官在返國後於「步兵學校」成立突擊兵幹部訓練班（簡稱「突擊兵組」），並開始招訓優秀陸軍與海軍陸戰隊的軍/士官，成為台灣特種作戰的菁英。不久後的1964年，陸軍更在龍潭的九龍村成立了「陸軍特種作戰學校」，2年後將突擊兵組轉移改隸其下。

　　當時創建「陸軍特種作戰學校」的背景，是為整備敵後作戰的戰力，積極地為反攻作戰厚植實力。因此在招收的人員上也有許多女性人員加入，往後還一度擴大招訓的需求，部分的高級訓練還得移至新竹尖石的部落施訓。當時的政府仍積極從事反攻準備的各項事務上，因此特種作戰這種攻勢型的部隊，在美國軍事顧問團（「綠扁帽」小組）援助及上級支持下，其實很快就發展成為一支龐大的作戰力量。在1960年代中期前已經編制有4支作戰總隊（總隊長是少將階）；共轄25個大隊（大隊長是上校階）的實力，要知道這些大隊的戰鬥力可不是當時一般步兵營所能比擬，他們所受的各種訓練比一般步兵嚴格多了。

第四章
航空特戰的新時代

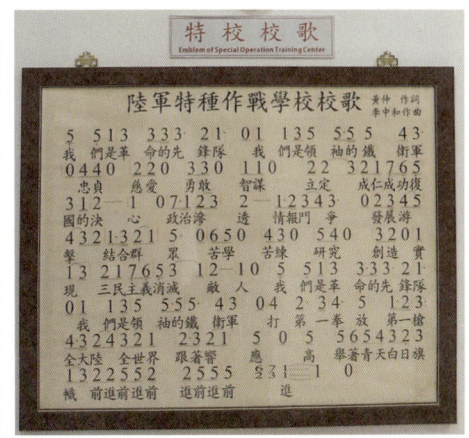

左｜1964 年在桃園龍潭成立的「陸軍特種作戰學校」，也是將特種作戰朝向正規化訓練的一步。（Photo/ 特指部提供）

左｜「陸軍特種作戰學校」的校歌，儘管部隊的訓練與戰鬥力堅強，該校也只存在了 16 個年頭而已。（Photo/ 黃竣民攝）

在歷經 6 任校長、一共 16 年的期間（從 1964-1979 年），直至「靖安二號專案」生效，將「陸軍特種作戰學校」原師資、設施、裝備與「空降特戰訓練中心」併編，以兼具預備空降旅的型態，執行先前幹部教育與部隊訓練的任務，但「突擊兵」的訓練反而也就暫時被停擺了一段時間。

在此也回顧我國所消失的一支特戰部隊～「政治作戰特遣隊」，他們也曾經是在谷關受訓的常客。當時受到越戰加劇的國際情勢影響，應美方要求赴越從事敵後任務以支援美軍作戰，所以陸續成立了這種能赴越代訓南越政工人員，仿美軍「綠扁帽」（Green Berets）編組的神秘特遣編隊，其人員背景也都是當時的一時之選，坊間也多描述到令人聞風

喪膽的等級。政戰特遣隊規模最大的時期曾經達到 8 支（甚至連海軍陸戰隊也奉令成立一支所謂的「政戰連」），這些精銳的戰鬥人員，當時的運用構想是準備在反攻大陸時將其投入敵後，到敵陣後方施以突擊、冒充、暗殺、情蒐、結合群眾抗暴、號召軍民起義，支援正面戰場的作戰；而當時這些都是在陸軍總部時期的「特種作戰學校」所培訓而成，不過隨著推動「精實案」的組織調整，各支政戰特遣隊也陸續於 1998、1999 年間裁撤。

左｜谷關的「麗陽營區」，昔日有著「惡人谷」的惡名，現在是我國陸軍突擊兵的搖籃。（Photo/ 黃竣民攝）

左｜山地課程主要在 850 高地施訓，但學員在上課之前可得先體驗一段"好漢坡"，唯有經歷過的人才永生難忘。（Photo/ 特訓中心提供）

目前負責執行「突擊兵」訓練的單位，是位於台中「谷關七雄」（指七座中級山，即八仙山、馬崙山、屋我尾山、波津加山、東卯山、白毛山和唐麻丹山）一帶的「麗陽營區」，也是過去俗稱的「惡人谷」。最初「麗陽」只是谷關和松鶴之間的一個公路站名，便利服務於早期設立於此的「天倫營區」（輕裝師師部）和「岳武營區」（「山寒中心」）

官兵交通運輸。到了 1979 年「陸軍特種作戰學校」裁撤，併入「空降特戰訓練中心」（也納編了前「山寒中心」），因此這兩個鄰接的營區後來才統稱為「麗陽營區」；也正式昭告全軍的特種作戰訓練不再是雙頭馬車，而是一元領導的局面。

左｜國軍的特戰部隊早期便深受美國支援，連美國國務院下的監察官都會來台訪問，以確認美援的用途。（Photo/ 特訓中心提供）
右｜早期的學員在基礎山訓場（初九）受訓時一景。（Photo/ 李裕勳提供）

在 1963 到 1975 年之間，台灣也曾暗中推動過「明德專案」[1]，此期間先後歷經孟澤爾（Oskar Munzel）、若爾丹（Paul Jordan）和考夫曼（Kurt Kauffmann）等三位顧問的領軍，陸續提供與推動「明德案」，

---

1 由當時蔣緯國將軍主事，在這 13 年當中，先後邀請廿餘位現役及退役的德軍將校來台為國軍的建軍備戰提供協助。

兵棋推演教育的「鷹案」,「進德案」(包括陸航、裝甲、步兵、砲兵、防空、山地兵),民防主題的「青雲案」⋯等領域的變革作為,而其中一個讓高層重視的項目便是山地作戰。早期的「陸軍山寒地訓練中心」還是隸屬於步兵學校,雖然編有一個戰術教官組,卻多使用一般步兵的教範實施訓練,因為國軍當時也沒有山地部隊;只有輕裝跟重裝兩種型態的步兵師。為此,「德籍顧問團」還曾來此工作,從編成「進德連」,到督促山地營的編裝戰法實驗作業,將德軍「山岳獵兵」(Gebirgsjäger)[2]的訓練精髓灌輸給我國陸軍,不再只是登山、攀岩、垂降、搭設簡易繩橋、基本滑雪⋯。

左/右｜德國山地部隊的歷史悠久,戰績卓越,圖為在哈默爾堡(Hammelburg)步兵學校「山岳獵兵」的基本訓練。(Photo/ 黃竣民攝)

2　德國的步兵包含:「輕裝步兵」(Jäger)、「傘兵」(Fallschirmjäger)和「山岳獵兵」等三個分支。

雖然該專案後來隨著軍中人物的更迭與國際政治情勢的轉變等諸多因素而畫下句點，但這將近 13 年期間所積累出的訓練成果與真正山地作戰的觀念，也在國軍早期的官兵中萌芽，是歷史長河中不容被抹殺的一段。或許在國內的軍史中，諸如日本「白團」與「德籍顧問團」這一段隱性的故事已經鮮為人知，有幸的是，筆者還有一連串的機緣，能跟當時「德籍顧問團」成員的優秀後人多次交會；因為在 2015 年獲准參觀德國陸軍的年度「教導示範演習」（Informationslehrübung, ILÜ）時，傅美爾（Jörg Vollmer）已是當時的德國陸軍司令。

左｜1973 年於谷關實施的「蘭花一號」山地步兵連防禦演習中，德籍顧問克萊培中校（左一）與當時的山訓中心指揮官丁磊上校（左二），圖中為當時的于豪章總司令。（Photo/ 王玉麒提供）

右｜2023 年筆者於德國波昂「克勞塞維茲協會」講座時，前德國陸軍司令傅美爾上將（退）更是座上賓之一。其父親-老傅美爾（Klaus Vollmer）已於 2021 年以 91 歲高齡離世，他之前在「明德案」中所撰寫的報告，曾令老蔣總統＂不忍掩卷＂，也已成為歷史卷宗！（Photo/ 黃竣民）

1979年初中美斷交，國軍不僅在武器獲得的來源上雪上加霜，後續更在接受國際潮流的戰術戰法上逐漸脫節，卻也試圖採取非官方的途徑在這方面上盡量維持住關係，因此期間也有2年左右的時間，曾是以委託的方式，由華府的專業顧問公司（BDM）籌設了一個「台北協助小組」（TAPAS）的非官方美軍顧問團，1982年領導該顧問團的正是退役中將：塔卡貝里（曾擔任第82空降師的師長）正式抵台作業，為了保密起見並以「大福」辦事處為其工作名稱。

　　其中在赴美受訓的議題上，在「大福顧問組」的牽線下為國軍爭取到許多機會，而傘兵出身的他更將「突擊兵」爭取列入當中的一項。美國顧問組也建議國軍恢復「突擊兵」的訓練與機構，也協助國軍派遣種子教官赴美「突擊兵學校」接受培訓，在1987年人員完訓歸國後，方能為陸軍再度建立起訓練特戰的能量，後來國軍的「空降特種作戰訓練中心」，也正式恢復了「突擊幹部訓練班」的班隊，對國軍特戰戰力的提升與延續，私底下貢獻卓著。

第四章
航空特戰的新時代

左｜目前「麗陽營區」在森林救火上還有另一個角色，是空勤總隊的直升機吊掛水袋汲水時的整備基地。（Photo/ 特訓中心提供）

右｜營區重建之前，基礎山訓課程的教學品質與安全性易受天氣所影響。（Photo/ 李裕勳提供）

左｜新建的山地戰技綜合館，讓授課效率與安全性大幅提升。（Photo/ 黃竣民攝）

右｜完成基本傘訓後，緊接著要到「特戰訓練中心」完成基礎訓練才能撥交至建制單位。（Photo/ 黃竣民攝）

發生於1999年9月21日凌晨1點多的一場大地震，成為改變「麗陽營區」現狀的主要原因，在這一場歷時超過100秒明顯搖晃的地震下，這7級以上的強震不僅讓入山的道路柔腸寸斷，營區建築物與訓練設施也無法倖免而飽受摧殘，損壞的程度已經到了不得不重建的地步。重建工程花費約2年才是目前所見的模樣，主要新建了山地戰技綜合館，在館內可以從事平衡攀登、絕壁登降、直升機快速繩降、突擊吊橋架設與通過（單、雙、三索）、繩索下降、垂直攀降技術等相關課目的施訓，讓學員不需要再出營區走去對面台8號道大甲溪的河畔上課，也不會受到天候的影響，大幅提升受訓期間的教學品質與安全性。

在恢復突擊幹部訓練班後，招訓的對象曾經一度達到年度內有12期的盛況。後來國軍陸續執行「精實案」、「精進案」、「精粹案」的部隊兵力精簡案，陸軍的特種部隊規模已逐年從旅、群、營級裁減，因此訓練規模的需求也適度縮減，目前一年招收2期；而報名參訓者不僅僅是陸軍的專利，各單位包括憲兵、後備、海軍陸戰隊的志願役官兵，只要單位同意也都可以報名參加這樣的挑戰。負責施訓的教官群，除赴美軍「突擊兵學校」受訓者外，亦保有前「陸軍特種作戰學校」結訓之種子師資，因此訓練方式與標準依舊可以看到充滿著美軍「突擊兵學校」的味道，這也讓許多友邦國家派員在此接受訓練[3]。

3　特戰訓練中心內的隊史館，保存有多個友邦國家所致贈的紀念品。

第四章　航空特戰的新時代

左｜在谷關的「突擊兵」訓練中，學員正在實施 1,000 公尺的障礙超越，與一般陸軍部隊的 5 百障礙更多樣與複雜。（Photo/ 王清正提供）

右｜不僅是陸軍的「突擊兵」，連「海龍蛙兵」的水域作戰訓練也都在谷關實施。（Photo/ 特訓中心提供）

　　學員在報到後的第一關就是先接受體能測驗，基本的門票是：3,000公尺徒手跑步、單槓、伏地挺身、仰臥起坐與游泳等項目。取得入場門票的學員們，在未來的 12 週將陸續接受三個階段、四大領域的訓練與考核，分別為「體能訓練、戰術考評、山地戰技與水域作戰」，再加上最後二週的「山地叢林特攻作戰」期末綜合演練。

　　誠如陸戰隊官兵早期的自我調侃："一日陸戰隊，終生掉眼淚；終身陸戰隊，不死也殘廢"一樣，在這裡接受訓練的突擊蝌蚪們，一大清早的答數聲就是整個營區最特別的起床號，私底下的訓員們也只能偷偷改成"突擊兵、是笨蛋、四點半、跑一萬…"的順口溜流傳，也算是一種苦中作樂的自我安慰吧！

　　入學測驗後才是真正考驗的開始，每天 10,000 公尺跑步、武裝游泳 1,000 公尺、1,000 公尺障礙超越，加上伏地挺身、開合跳、負重行軍…

等耗體力的訓練，也會隨著訓期時間的拉長，課程強度也會持續增加，吃重的體能負荷，很快就會讓學員達到"瘦身"的效果。

受訓期間，學員要在高海拔鍛練山地作戰技能，還得在低溫5℃的高山湖水中不斷地武裝游泳，因此體能測驗不合格、身體不適或意志不堅…等因素退訓者眾多，也就不是什麼新鮮事了，通常每一期能有一半的學員合格就已經很罕見！現在更接受美軍的建議，已規劃未來期末綜合演練採想定誘導方式，整合航空旅空中載具實施快速應援及特攻突擊訓練，相較於以往的期程將會大幅拉長，這對於學員的抗壓力與身體素質勢必更具有挑戰性。

當學員完成期末測驗，會來到最後一項名為「信心測驗塔」（或譯為「鯉魚躍龍門」）的項目，學員會爬上6層樓的高塔，抓著高空滑輪滑下並高呼"突擊兵、有勇氣、有信心、往下跳"的口號躍入水池後，也代表著如海軍陸戰隊兩棲偵搜大隊的「天堂路」終於苦盡甘來，能夠在胸前掛上象徵榮譽的突擊兵徽章。以2024年上半年的合格率而言，學員能通過重重的考驗而取得突擊兵徽章者，其實完訓率只有報到後的3成！

第四章　航空特戰的新時代

大/小｜"突擊兵，有勇氣，有信心，往下跳！"當躍下信心測驗塔的那一刻，也就代表著突擊兵的訓練即將苦盡甘來。（Photo/ 特訓中心提供）

新科突擊兵們與指揮官、教官們在結訓典禮後合影。（Photo/ 黃竣民攝）

在這個訓練氛圍極度陽剛的營區內,卻在2014年出現了變化,就像電影《魔鬼女大兵》(G.I. Jane)一樣,謝淑貞成為首位通過「突擊兵」訓練的女性學員;而這項紀錄還比美國首位女性完成「突擊兵」的訓練還早一年。[4] 隨後,她又參加合歡山「武嶺營區」的「山寒地特種作戰師資班」,這是國軍培育山地作戰種能之搖籃。由於營區位處高海拔的山區(標高3,110公尺,空氣中的含氧量相較平地僅剩70%左右,是國軍唯一的高海拔訓練基地),具有「氣溫低、含氧量低與氣壓低」之「三低」特性,訓練的危險性倍增(易引發高山症等危險症狀),因此訓員頭痛(暈)、想吐、呼吸困難、四肢癱軟等狀況出現時都要特別注意。

左｜在結訓典禮時,會由教官或先期學員為新科突擊兵別上突擊徽,藉以象徵著傳承的意涵。右為國軍首位女突擊兵的謝淑貞,正為第二位女性突擊兵的朱蕙慈別上突擊徽。(Photo/ 黃竣民攝)

右｜「武嶺營區」是國軍唯一的高海拔訓練基地。(Photo/ 特訓中心提供)

---

4 美國直到2015年也才首度開放女性參加「突擊兵」訓練的試驗。

在這種高山地形下別幻想有一般道路可走，在下切與爬升的角度幾乎達 20-40 度的獸徑上行進才是常態。而這樣的環境下訓練課程主要是山地戰技、工事構築、方向判定、野戰求生、滑雪…等科目，由於更加重視學員在高山地區的作戰與求生技能，因此單兵的裝備負重是「突擊兵」訓練時的倍數。這些都沒有難倒謝淑貞，也創下該營區開班迄今，首度有女性官兵接受最完整特種作戰相關訓練的記錄，為志願役女性官兵在軍史上又寫下另一個新的篇章。[5]

談到「武嶺營區」，它位於有「台版阿爾卑斯山」之稱的合歡山上，在 1950-1960 年代的時空背景下，反攻大陸考量的可不僅僅是在東南沿海與解放軍作戰，而是對更大的戰場範圍提早做出準備，這也包括冬季會極度冷冽的雪地省分。由於標高超過 3 千公尺的合歡山，在當時的冬季會有長達兩個月的積雪期，且坡度、深度都適合做為滑雪場地；筆者還是學生時期就曾參加過救國團以合歡山滑雪為主題的營隊，因此這裡也就被軍方視為培訓滑雪、求生、急救後送的場地。後續也將特戰部隊派此接受滑雪等高山寒地的作戰訓練，有朝一日準備空降到中國北方、實現反攻的美夢。雖然後來這一些反攻作戰的準備都沒有執行的機會，但不可否認地卻留給時下不少青年學子一段很特殊及美好的回憶！

5　雖然在較早的 2014 年，王新茹是「武嶺營區」寒訓基地首位通過 5 週寒訓的女性，成為國軍第一位「巔峰女戰士」。

左｜2012 年南投馬博拉斯山難時的救援英雄：邱世明中校（中）、翁國華士官長（左）以及溫志豪上士（右）。（Photo/ 航特部提供）

右｜「特訓中心」的教官們也經常與國內警消、救難團體互相交流，以確保山地救難的技術與裝備不斷精進。（Photo/ 航特部提供）

　　顯然後來的時勢發展不如所願，然而數十年來由這裡所培育出的種子卻遍地開出花，由於台灣高山比例偏多的現實，山難救援的案例頻傳，大都得仰賴這些具有專業的軍、警與救難單位出手，例如之前由特訓中心山寒地作戰組組長邱世明所率領的 6 人救援小組，在 2012 年南投馬博拉斯山難時，就在海拔 3 千多公尺、氣溫低於零下 5 度的積雪搜救地點，每位隊員身上背著數十公斤重的背包與裝備，得在風雪中從筆直的斷崖徒手垂降近 6 百公尺（高度超過台北的 101 大樓），才將山友的遺體尋獲；當時還創下世界雪地高山救援的新紀錄。

　　近年來由於國內的登山人口逐年攀升，加上我國高山及溪谷都很陡峭，一般人在高山上只要失溫超過 3 小時便會瀕臨死亡。為培育高山救援能量，因此國軍於也順應需求開辦起「高寒地救援訓練班」，以培訓國軍官兵掌握垂直地障攀降繩索的技術、高山醫學、野外急症處置、方

向地形判斷、高寒地野外求生、滑輪拖拉系統架設與傷患吊掛、特殊地形環境通過、特殊地形救援…等能力，保障自身與國人生命安全。

左/右｜執行高寒地搜救任務，對搜救人員也同樣具有致命的危險，因此「高寒地救援訓練班」結合了嚴苛的氣候與陡峭地形，厚植高山地區的救援能量。（Photo/ 力行提供）。

其實「特訓中心」下轄有水域組、山寒組、技能組、戰術組等四個組別，施訓的內容主要有游泳、潛水、攀岩、垂降、野外求生…等戰技，這些都是民間眾多NGO救難團體所需要的專業，因此大多數其中的成員也多具備特戰部隊退役的背景，這也是將國內救難資源"寓兵於民"的另類貢獻；而由於待遇不差，這些單位也成為原住民青年適才、適所的優先選項！

突擊兵情誼、千里一線牽

左｜2014 年 6 月曼寧一家人在抵台的第二週來到陸軍官校大門，展開這一次的大海撈針之旅。（Photo/Emily 提供）

右｜一張泛黃的信件與過時的資料，成為本次抽絲剝繭的開始。（Photo/Emily 提供）

　　如果說我與美國「突擊兵」有什麼樣的特殊機緣，除了在官校時也曾接受過突擊訓以外，再來就是 2014 年剛過完黃埔建軍 90 年校慶活動的三天後（6 月 19 日），有一對抱著才 10 個月大嬰兒的美籍夫婦，他們突然出現在鳳山陸軍軍官學校的大門口，闡述著一個連大門警衛都無法理解的來意。

　　在接到警衛室的電話後，我從辦公室去粗略地了解他們的意圖，腦子著實也沒想過這種只會在先前熱門的電視節目「超級星期天」中，由主持人阿亮（卜學亮）扮演的超級特搜小組小組長，所執行的尋人任務竟然會活生生地發生在我身上啊！

這一段跨時空協尋台 - 美突擊兵的美談，在故事的起緣還得從克莉絲汀（Christine）的爺爺；也就是前美國陸軍上尉退役的理查•艾倫•海登（Richard Allen Hayden）說起。當年（1961）海登是第一批「國民兵」（National Guard）派去「班寧堡」接受「突擊兵」訓練的人員之一。當時在同一個受訓的班隊上，他也結識了從台灣派去一同受訓的精英軍官；這也是台灣派赴美國接受「突擊兵」訓練的第一批軍官，包括：Cheng-Ming, Kao、Chi-Hsiung, Weng 和 Chein-Chung, Li。尤其是 Cheng-Ming, Kao，海登與他在那整天只有摸滾打爬的課程中，睡眠；在那兩個月的訓期裡根本就是個奢侈品，而在受訓期間他們互相鼓勵與支持，更成為了他的"兄弟"（Buddy）！

　　魔鬼訓練結束後，他們各自返回自己的國家繼續在軍中崗位上服務，那一段期間他們還互相保持著文書通信。不過到了 1963 年 1 月時海登與 Cheng-Ming, Kao 的音訊卻中斷了，直到 4 月時他從 Cheng-Ming, Kao 的同僚那輾轉得知：Cheng-Ming, Kao 在台灣的一次演訓時不幸意外身亡了！後來他也相繼與 Chi-Hsiung, Weng 和 Chein-Chung, Li 失去了聯繫。年邁之際的海登，在邁入堂堂 80 歲之際的心裡卻還一直惦記著這件事，就是希望能夠有一天可以找到 Cheng-Ming, Kao 的家人，或許能跟他們說上話，這對他而言也算是一種內心的釋懷吧！

第四章　航空特戰的新時代　245

HEADQUARTERS AND SERVICE COMPANY, AIRBORNE CLASS 24

1961年海登與當時接受突擊兵訓練時的團體照。（Photo/Hayden 提供）

年輕的曼寧一家完全不懂中文，先前也從未到過台灣，但儘管有這些障礙，他們仍渴望接受挑戰，目前唯一的線索只知道 Cheng-Ming, Kao 畢業於高雄鳳山的陸軍軍官學校，但他們對此仍然一無所知。艾蜜莉從海登爺爺那裏拿到一張當時訓練時的合照和一封信的檔案，隨後便踏上了飛來台灣碰碰運氣的旅程；也或許這位住在德州的老突擊兵，平時的禱告有被上帝聽見吧！

已經抵台後第二週的曼寧夫婦背著小卡特，在 6 月的烈日下，從鳳山捷運站徒步走到陸軍軍官學校的大門口。根據曼寧後來的自述，他們採用的伎倆是"裝迷糊"，也就是～「盡量表現得很愚蠢，希望警衛能

帶一個會說英語的人來,這樣就有機會可以說明他們的來意」。不得不說曼寧這個計劃成功了!曼寧僅秀出手機上的一張泛黃合照,經過探詢一些細節之後,我知道他們的來意是尋人,但所能得到的資訊卻極為有限(畢竟光憑一張泛黃到誰都看不清楚的照片和一封信不說,連這三位的中文名字都沒有,住址也是老舊年代的郵政信箱,這些都早已過時而不存在,況且當時遷台復校也沒多久,幹部來源還甚為複雜…),不僅連他們本身都認為這幾乎是不可能的任務,而當下的我實在也覺得這簡直是在大海撈針嘛!

雖然我經過簡短的詢問之後大致上有了頭緒,決定先就學校現有的資源著手。首先,我依據當年的受訓階級推斷,因為問了他其中的 Lt. 究竟是指 1st Lt.;還是 2ed Lt. 呢?曼寧也無法確認。我只好先放大搜索圈,以軍階來推斷期別(因為軍官晉升牽涉到年班),暫且鎖定黃埔 27〜31 期畢業的先期學長為首要目標。我來到校史館協請館方人員(陳國華學長)調閱畢業紀念冊,但是不查不知道,一查更嚇一跳,原來畢業紀念冊現有 27、30、31 期,卻獨漏了第 28、29 期,如果還有前輩手上有的話,趕緊複製一本給校史館保存吧!我與史政人員逐一翻頁核對了畢業冊中的名單,在快速瀏覽一千多位那三個年班的名冊後,似乎都沒有可以將中文姓名與英文拼音完全接近的人員可供繼續追蹤,當下我倆都感到相當沮喪。而步兵學校當時亦無法提供早年曾派赴美國接受突擊兵訓練的名冊,因此讓這次的尋人任務一開始就觸礁了。

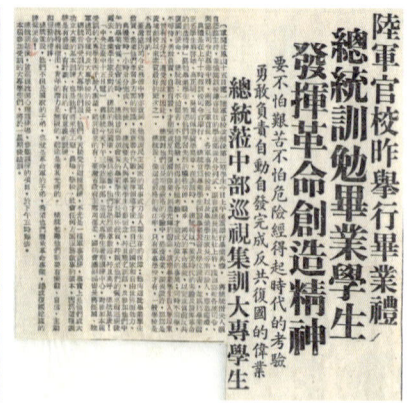

左｜攝於 1961 年夏季美國「班寧堡」的突擊兵訓練基地，左一為 Hayden、左二為高正明、右三為翁啟雄。（Photo/Hayden 提供）

右｜在陸軍官校第 29 期的畢業典禮中，蔣公還親自為前三名的翁啟雄、高正明和吳東明配戴績學獎章，當時的報紙還有報導。（Photo/ 國史館提供）

　　我只好落寞地先送曼寧一家人離開會客室去搭車返回他們在高雄縣的落腳地，並請他們不妨也試著寫信到國防部網站或其他單位以尋求協助，或許上級的資源會更多。但像他們這樣突如其來的請求；且滯台的期間僅剩下 2 週，光是行政程序的往返，著實就不會有很高的期望，這點我也很委婉地向他們說明。但想起當年隻身在美國受訓時也曾受過許多人的協助，憑藉著不想讓外籍人士遠從千里而來、卻要空手而歸的遺憾，雖然距離他們飛赴下一個旅遊國家的時間只剩十多天，我只好抱著死馬當活馬醫的念頭，有什麼招式就 All-in 放手一搏吧！

　　幾天之後，我休假返家發了封電郵給曼寧，在徵求過他的同意之後，允許將這張當年的泛黃照片與最後通信的信件…等有限資訊，轉貼在社群軟體上尋求協助，沒想到"奇蹟"就這樣發生了…。網友們相當

熱心地提供意見與分享資訊，在 PO 文才過 5 個小時，經過一番"肉搜"後，首先熱心的卜祥鴻學長認為英文拼音的中文名字可能性，其中的 Chein-Chung, Li 疑似「李建中」，而經過他的查考後，也確認李建中上將具有美國「突擊兵」的背景，巧的是期別正好是 29 期；就是校史館沒有保存畢業紀念冊的那兩期漏網之魚。而李上將最後的軍職是以「軍管部兼海岸巡防部司令」二級上將退伍，任軍職期間幾乎無受訪資料可查，他唯一一次接受「青年日報」的訪問，是 2011 年 9 月的那篇名為「亮照大陸，島立天中」的報導。

追蹤那一篇報導下方的留言，還輾轉聯繫到他已移居加拿大的小鄰居，經過一番身分查核的波折之後，我才取得了住處地址和電話的資訊。我可得更謹慎地查證任何可能的蛛絲馬跡，說好聽一些或許是基於對退役上將的敬重，但實則為不想平白挨一頓 K 啊！身為小老弟的我，要去跟期別差了 35 期、且完全陌生的退役上將詢問事情，我的內心當時的確是很掙扎（因為李上將的治軍嚴明是眾所皆知，那在當時的軍中可是出了名的），後來還是抱著頂著鋼盔衝到底的決心才撥了電話。當天下午李上將碰巧外出散步，是夫人接了的電話，但令我驚訝的是，連她竟然也都還記得那五十多年前發生的事！夫人脫口說出了當年和她先生一起去美國受「突擊兵」訓練的有：高正明（Cheng-Ming, Kao）和翁啟雄（Chi-Hsiung, Weng），回國沒多久高正明就在阿公店水庫演訓時身亡…（追晉中尉）。我心想這真是太棒啦！一下子這三個人的中文名字全部都出現了，這樣子至少才有往下走的眉目。

隨後我驅車前往李上將的宅邸拜訪及查證，這才順利地將這塵封了52年的記憶一下子又通通給拉了回來。李上將在看了照片之後，當下即認出其中的二位台灣軍官就是：高正明和翁啟雄！

　　透過李上將的描述，進而得以順利地將這一段跨越時空的尋友記拼湊完成。李上將表示："當年美軍給了台灣陸軍各兵科總共12個名額派訓，步兵科佔了3員，當年派訓至喬治亞州「班寧堡」接受「突擊兵」訓練的分別是：高正明、翁啟雄和他。[1]返國隔年的1月，高正明即在阿公店水庫實施高塔跳水項目時，因落水姿勢不當，經當場急救無效、宣告不治；當時還是由李上將幫高正明實施人工呼吸搶救的，所以他的印象非常深刻，雖然這事情已經經過了52年⋯。遺憾的是高正明三代單傳，本身亦未結婚，雙親與爺爺也在他身亡不久後相繼過世⋯，所以海登想跟高家人聯繫的想法，基本上早就已經不存在了。"

　　基於盡地主之誼，以及感謝美軍對台灣的長年支持，李上將要我協調曼寧一家在他們離台前北上聚會，由他代替已逝的高正明宴請他們，也特別聯絡了現居台中的翁啟雄（後來赴美深造取得普渡大學的博士學位，後來擔任「中正理工學院」教育長一職以少將退伍，卸下軍裝後還擔任過數年「勤益科技大學」的校長一職）要他務必抽空北上；然而因

---

[1] 吳東明雖未完訓，之後取得美國普渡大學機械工程博士的學位，成為陸軍的首位博士營長，後來還成為第六任的法務部調查局局長。

第四章 航空特戰的新時代

翁校長當時的身體狀況欠佳,在聚會的前一天突然告知實在無力出席這次難得的聚會,而不免令人感到小小的遺憾。我將這出乎意料的發展告訴了曼寧,也一併將高家人不幸的狀況告知。但是令他們驚訝的是和海登爺爺一同受訓的台灣軍官,一位竟然是官拜上將退役,另一位是少將博士退役,還在民間大學擔任過多年的校長。海登爺爺在知道這消息之後絕對不會有任何的遺憾,甚至應該感到很驕傲才是,因為台灣當年派赴美國受訓的步兵軍官,也沒有給美國的突擊兵丟人啊!

透過視訊,海登終於能與失聯超過半世紀的同年班突擊兵李建中上將再度見面,場面相當溫馨;4年後,這一位資深的美國突擊兵也安詳地離世了。(Photo/Emily 提供)

後來闊別52年的兩位老突擊兵,真的成功地以現代科技進行視訊,數十年過去了,台、美的軍事合作關係也都一直穩定進行著,但能親身見證到這種經過 Ranger 嚴格淬煉過的老軍人們的跨國袍澤情誼,在他們眼神交會的那一刻,那種畫面真的令人感到很溫馨,也讓我更加地堅

信～「一日突擊兵、終身突擊兵」絕非口號！而我，終於也能將這一段期間心中的大石給放下了。我特地準備了黃埔建軍90週年所發行的紀念郵摺，上頭還有李上將的親筆簽名，請曼寧帶回去給德州的海登，後來這一個紀念品也都一直陳展在他的桌子上，直至他在2018年辭世⋯。

雖然我不是「超級特搜小組組長」，但"千金難買早知道，萬般無奈想不到"，應該能算是這件事的好結局吧！由於這一段跨國突擊兵情誼的溫馨故事，事後海登也將這過程告訴了德州的小報[2]。日後，我也才有機會親自到「摩爾堡」參觀「突擊兵紀念碑」（Ranger Memorial）、「勝利池」，以及赴達洛尼加山區，參觀了突擊兵第二階段在「麥瑞爾營區」的山地訓練，並在隊史館內留下紀錄⋯。

每每想起海登生前所說過的話："沒有讓人感覺到溫馨，就不會是個奇蹟的故事。"（*But this would not be a miracle story without something to feel good about*）其實也會覺得命運的確很奇妙⋯。

2　《安娜-梅麗莎論壇報》（Anna-Melissa Tribune）於2014年8月1日刊登名為《Ghosts of the Past》一文。

第四章 航空特戰的新時代 253

「摩爾堡」內這一座以花崗岩打造的突擊兵紀念碑，地上鋪了密密麻麻刻有突擊兵期別和名字的小地磚，旨在紀念美國所有突擊兵的精神和功績。（Photo/ 黃竣民攝）

昔日「成功大隊」、今日「海龍蛙兵」

除了「突擊兵」以外，在我國陸軍當中還有一支為國人熟悉、長年打著赤膊、僅穿著一條紅短褲作為部隊標誌的單位，也就是俗稱的～「海龍蛙兵」。

代表「海龍蛙兵」的蛙人操，已經是國內各軍事展演場合中必秀的節目。（Photo/ 黃竣民攝）

當時國民政府雖因大陸的戰事失利而轉進台灣，但卻仍抱持著失勢不失志的態度，積極從事戰備整備的工作期待有朝一日伺機反攻。在當時那樣的地理環境下，外島具備反攻前哨的戰略地位自然就顯得格外重

第四章
航空特戰的新時代

要。在1953年經先總統視導外島防務後提出先期掌握、制敵機先的指示，時任金防部司令的胡璉便採取了一些手段，而其中之一便包括組建一支小部隊，以利能至對岸執行敵後的偵察與情蒐任務。

由於美國早就已經提供裝備與訓練，於是從防區各師中挑選出體格優異的官兵，經美國具有兩棲蛙人專長之教官嚴格集訓，之後分派至各守備區執行任務，組成這種類似「突擊隊」的單位，初期被稱為「偵察隊」，1954年才更名為「成功隊」。說穿了，對大陸沿海地區執行岸際滲透、敵後偵察、情報蒐集…等作戰任務；這跟「戰鬥蛙人」（Frogman）根本就沒啥差異。後來，會被稱為「成功隊」的原因，顧名思義就是上級希望執行任務是～只准成功（不許失敗）！

左｜早期各師都編有「成功隊」，也深受三軍統帥的重視。圖為1962年3月1日先總統巡視金門93師防務時，於金門水頭碼頭與該師的「成功隊」隊員合影，在旁陪同著軍常服者為當時的陸軍總司令劉安琪。（Photo/ 王幼林提供）
右｜早期海上快艇編隊訓練中的海龍蛙兵。（Photo/ 外交部）

早在「823 砲戰」開打前，該部的任務就已經是充滿了風險，而在戰役全程，隊員們更是得冒著解放軍優勢的砲火，堅決貫徹執行護送高級長官視察、激勵士氣、離島運補、護航、傷患後送、敵後情蒐、海底電纜架設及搶修⋯等各種高危險性任務。其作戰的忠勇程度與勇於犧牲的精神，就此為「成功隊」立下赫赫的威名。在早期兩岸長期對立的年代，陸軍手上的這一支精銳又忠誠的「水鬼」部隊，更是外島前線中令人不寒而慄的作戰單位，以至於連對岸都留傳著"王牌水鬼兵"、"水鬼毛人"⋯之類的稱號，就知道對這支部隊頭痛與敬佩的程度。

　　這一支部隊後來歷經更名、擴編，在 1962 年時成為一支兵力約三百人的「成功大隊」為眾人所知，大隊內的成員均需具備長泳、格鬥、爆破、潛水⋯等戰技。因為當時「成功隊」最常利用夜間游泳滲透至對岸的共軍海岸據點，執行沿岸捕俘摸哨、襲殺、破壞、心戰⋯等特種任務，由於神出鬼沒，搞得對岸中國海防部隊也寢食難安，因而對其恨之入骨；「水鬼」的稱號也就不逕而走。爾後「海龍蛙兵」最為人所熟悉的刻板印象，就是一把短刀、頭戴潛水鏡、一雙蛙鞋、戴著"綠水鬼"的手錶，還有在沙灘上跳的蛙人操。

　　在這一支格外具有光榮戰史與優良傳統的部隊中，早期誕生過「少將營長」的劉雨成將軍、「海龍王」的毛守義連長、連續 5 年（1964-1968 年）獲得國軍戰鬥英雄的梁錦源⋯等精神領袖；甚至在越戰期間，毛守義還曾率領十人小隊秘密派赴越南進行敵後情蒐工作，以支援美軍

對抗北越的作戰[1]。由於此舉涉及高度機密，他失蹤半年不曾與妻子連絡，還差點導致家庭破碎。還有曾當選過5屆「國軍戰鬥英雄」的梁錦源，其滲入大陸執行敵後危險任務的英勇，還讓先總統致贈「勞力士」（Rolex）手錶而成為美談跟後來的軍界傳說[2]，他後來也獲得榮譽少將（非正式編制）的禮遇。

左｜在金門新建的營區中，仍可見這使命感很重的精神雕像。（Photo/ 特指部提供）
右｜有「海龍王」稱號的毛守義，現今在馬祖兩棲營門口還設有一座他的雕像，以紀念他赴敵區英勇殺敵執行任務。（Photo/ 特指部提供）

1　半年後，該小組自越南返國後僅剩7人。
2　1964年時，國軍為了要破壞廈門的新建雷達站，派遣13名蛙兵過去執行任務，卻只有6人生還，其餘殉職。蔣介石事後親自接見這6名蛙兵合影外，還致贈每人一只「勞力士」手錶，經媒體報導後的以訛傳訛，才讓人誤以為蛙人在那個物資匱乏的年代竟然都戴「勞力士」的錯誤印象；卻也變相為該品牌手錶免費廣告。

在那一段兩岸還是兵戎相見的年代，數十年的緊張對峙期間，「成功隊」總計對大陸沿海執行特種任務無數，期間所獲得的戰果豐碩而深獲上級肯定，卻也因為需滲入敵境執行特種任務，也犧牲了不少菁英隊員的寶貴生命，也有賴這些隊員有我無敵的大無畏精神，築起了反共的血肉長城。也因此，迄今位於金門溪邊的金溪橋旁，水塘中間突出的一座小島上，蓋著一間屬於「海龍蛙兵」專有的忠烈祠，如同位於高雄大寮傘兵獨有的「天兵忠靈祠」一樣，祠內主要供奉了歷年為國犧牲的成功隊與海龍蛙兵。駐在金門的兩棲營每年都會配合防區春/秋祭的時機，由單位主官率領官兵代表前往祭祀，緬懷先烈的意味濃厚，或許也是這一支部隊具備高度凝聚力的原因。

左｜過去曾是兩棲部隊操舟、泊艇的訓練場地，目前重建了「海龍蛙兵」專有的忠烈祠。（Photo/ 兩棲偵察營提供）

右｜小忠烈祠內供奉了歷年來為國犧牲的「海龍蛙兵」牌位。（Photo/ 兩棲偵察營提供）

早期在陸軍各師當中也都有「成功隊」，後來為統一指揮與運用，於是部隊在1973年進行過整編，將第1001、1002偵察連、成功第1、2大隊和東引反共救國軍的海上突擊隊等單位合併後，成為直屬陸軍總部的「第101兩棲偵察營」，正式的代號為「海龍蛙兵」。「第101兩棲偵察營」的營部設在金門料羅；除了金門駐有部隊外，另於澎湖、馬祖、東引等外島派有連隊執行任務，當時的編制是一個連滿編不到一百人（官7、士5、兵36共99人）。1998年納編偵5連。

左/右｜陸軍「海龍蛙兵」的訓練過程，考驗學員的戰技、體能、忍痛指數與意志力，確保執行任務時保有光榮稱號的「成功隊」不會丟人。（Photo/ 航特部提供）

不過隨著政治環境的改變，兩岸不但已經停止互相"摸哨"的任務，也建立了正式交流的管道與機構，但即便如此，「水鬼」這樣的稱號仍然深深刻印在老一輩人的腦海中。到了2000年時「海岸巡防署」的成立，原本屬於兩棲偵察營負責驅離大陸漁船、監管大陸漁工、查緝走私…的

任務,也就依法轉移至海巡署所接替。兩岸在 2001 年開始實施「小三通」後,整個外島地區的治安與軍事環境一夕丕變,駐防當地的「海龍蛙兵」成為外島地區唯一具備特種作戰能力的部隊,其關鍵性的地位頗受矚目。為因應「小三通」對外島地區可能會有新形態的恐怖活動(如劫機、劫船、劫車等)出現,當時兩棲偵察營的任務性質又重新擬定。

目前「海龍蛙兵」的駐地與任務又再度進行過調整,調整後的駐地縮減剩澎湖、金門、馬祖,而任務平時以近海巡弋、各離島間運補船的護航、無人島搜索、海灘勘測、水文資料蒐集、火砲射擊漁船驅離、救難…等為主;戰時則負責執行海上偵察巡邏、突擊與特攻作戰。到了 2006 年,這一支陸軍的蛙人部隊納編至「陸軍航空特戰指揮部」麾下,讓特種部隊能更好地集中管制運用,並能在指揮部的層級內,讓麾下特種部隊的幹部能執行交流、輪調、佔缺…等,使人力資源能有更進一步的發展空間。

即便成功隊組建迄今,「海龍蛙兵」的歷史已經超過了一甲子,雖然訓練期程為結合實須已歷經多次的調整,但即便是今日的訓練流路,它仍然是一支值得年輕人去挑戰自己的單位。不過,想要成為「海龍蛙兵」的一分子也不是一件容易的事,由於兵役制度的改變,目前該部的人員甄選雖然已經改採志願申請制;然訓員得必須是家世清白、無案底,還得附上家屬的同意書,才能申請進入海龍的儲訓隊接受訓練。

第四章
航空特戰的新時代

左｜「海龍蛙兵」在各外島部署，但訓練的嚴格程度卻差異不大。圖為早期駐防在馬祖的蛙兵正在進行蛙人操訓練。（Photo/ 中華民國陸軍海龍蛙兵退役人員協會提供）

右｜擔任各外（離）島海域的巡弋，這一群堪稱是辨識度最高的紅短褲戰士，通常官兵一抵達港口就會見到他們的身影。（Photo/ 中華民國陸軍海龍蛙兵退役人員協會提供）

　　完成資審的志願報訓者，一來到金門料羅「海龍蛙兵」儲訓隊的營區報到，門口「浪裏白條、神出鬼沒」的牌坊便映入眼簾。可別以為拎著行李大老遠來金門報到，至少應該會得到什麼樣的禮遇、或調適時間吧！如果腦子還抱有這種幻想的人，那還真的是腦子進水啊！因為耳邊傳來教官的口令，馬上會讓學員回到另一個現實的世界；接下來學員不是走進營區，而是扛著行李、蛙跳進去報到，接著就是令人難忘的行李檢查⋯拉開的一天的序幕！

　　訓員進到「海龍蛙兵」的儲訓隊期間，由於是"自找苦吃"、自願拔階來受訓，那些負責施訓的教育班長可不會手軟，更不會講任何情面，受訓學員在訓期間最常聽到的是"無條件服從、無限度忍耐"的口

號。"合理的要求是訓練、不合理的要求叫磨練"，在這裡幾乎也分不出哪裡有差別，在還沒能夠成為堪稱是精銳的蛙人一員之前，即便時代已經不同，但那種所謂的土法煉鋼，首要的只是要練就訓員的「忠誠度」。

與一般特種部隊不同的是，初來儲訓隊報到的學員在基本體能上並非絕對重要（當然啦！自願者都已經耳聞那麼多風聲了，還敢提出申請者自然會先惦惦自己的斤兩），因此在開訓之後才算是從新開始。訓員在進訓前大致會在體能上具有一些基礎，不然進訓之後的訓練強度很難會承受得住。除了手榴彈基本、野戰投擲和3,000公尺武裝跑步外（合格標準是基本投擲必須在35公尺以上，3,000公尺武裝跑步則須在13分5秒內完成）；學員得完成包括在7分半內完成「200公尺武裝蛙泳」、並進行「33公尺平潛」的測驗（學員必須全程不換氣、在身體不浮出水面的狀況下完成，才算合格）。在儲訓隊的訓練內容上，在訓期當中會特別注重專業專長的部分，除了基本體能、手榴彈投擲、格鬥戰技等施教外，另外還有操舟、潛水、山地戰技、夜間快速繩下降、武裝堆包、頂艇行軍、戰鬥巡邏、海上滲透、岸際滲透、隱伏區開設…等訓練課目也要磨練。而訓員在分階段的淘汰中，體能的標準只會越來越高，以品質保證能從儲訓隊合格走出去的蛙兵，爾後在派赴各駐地後能為各連隊所用。

左｜每天在沙裡滾是「海龍蛙兵」的家常便飯，學員得熟習這種"海味"才行。（Photo/航特部提供）

右｜除了是水中蛟龍外，「海龍蛙兵」一樣得完成山地作戰的相關戰技訓練。（Photo/航特部提供）

　　由於全是志願役的組成份子，因此"陸上萬公尺、海上五公里"的體能訓練只是基本要求。不過外島的冬天肯定都會令役男們記憶深刻，那種刺骨的寒風吹得總叫人快發瘋，而在這種寒冷的情況下下海訓練，更是儲訓隊蛙兵們沒齒難忘的回憶，全身除了冷到發抖以外，恐怕每一位凍到都在懷疑人生（快找不到自己的 GG 了）！這種服役的經驗，應該沒有多少人能夠"享受"啊！

　　每位進入陸軍兩棲偵察營的官兵，都必須在儲訓隊接受為期約半年（26 週）的基礎與專長訓練，最後要通過為期五天的期末測驗；也就是俗稱的「硬漢週」（包括：21 公里長跑、武裝 5,000 公尺及海上 3,000 公尺長泳等水陸基礎體能項目）。學員如果順利堅持到最後，闖過最後一關與海軍陸戰隊"天堂路"分庭抗禮的"硬漢路"（包括：重裝沙地運動、海狗爬、嬰兒爬、汙水池、信心測驗、正拳掌上壓…等多道分

站），在皮開肉綻之際，場邊的教官還會無情地潑水，讓撕裂的傷口更加疼痛，以測驗學員們要有堅忍卓絕通過困難的決心，這時候才能深刻地領悟美國海軍「海豹部隊」的格言～「爽日子，昨天就過完了！」（The Only Easy Day Was Yesterday）。

最後在親友的見證與支持鼓勵下，通過磨難者的儲訓隊員才能取得象徵榮譽的"蛙牌"，也才會由俗稱的「蝌蚪」變成「蛙」。這個蛙牌得來不易，因為學員在"硬漢路"做最後的奮鬥時，在旁觀禮的家屬各個早已淚流滿面，如果學員堅此百忍，結果在這最後一關全身已皮開肉綻時放棄，那不僅是白被操了半年，也可能以後在親屬面前抬不起頭，因此學員在最後總能擠出打落牙齒和血吞的決心，讓大家最終以喜極而泣收場。因此每一面蛙牌所象徵的意義，不僅是體能上的鍛鍊，更是精神上被淬煉的圖騰！

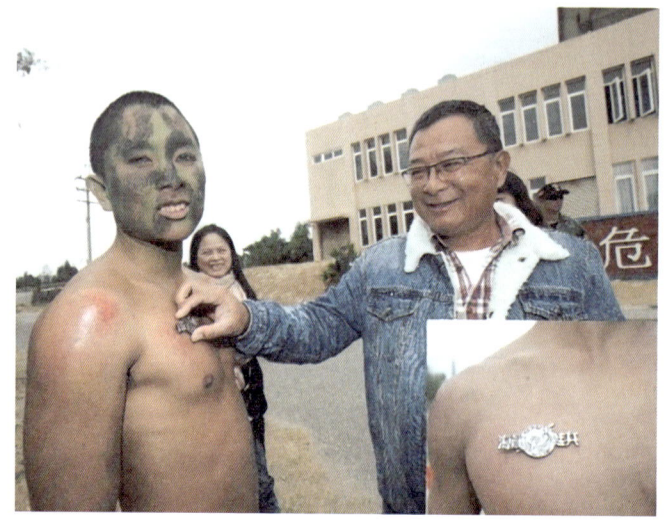

圖說：學員們從儲訓隊得闖過最後一關的"硬漢路"才算合格結訓，能在親友的見證下取得釘在胸前的"蛙牌"，儘管身上已經傷痕累累，臉上仍難掩喜悅的表情。（Photo/力行提供）

之後還得進行半年以上的專精訓練，除了陸上的戰技包括擒拿、奪刀／奪槍、空手搏擊、跆拳、絕壁登降、爆破、野外求生、滲透、破壞與襲擊⋯等要學習外，海上的水中技能及操舟，包括潛水、水中爆破、障礙排除、水文偵測，以及夜間與惡劣氣候操舟⋯等戰技也自然是少不了；因此「海龍蛙兵」的另一項特殊福利，便是利用軍隊的訓練資源讓隊員獲得救生、潛水、動力小艇駕駛、跆拳道⋯等專業證照，大大保障了退伍之後的轉職優勢。

環顧國內出身自「海龍蛙兵」的名人，這當中最出眾的莫過於是曾擔任過短暫中國國民黨主席，現職立法院副院長的江啟臣。據稱當1996年爆發台海危機時，他服役的「水鬼」部隊在駐守在金門前線，在那一段幾乎是開戰邊緣的氛圍下，隊員們都寫好了遺書，已隨時做好作戰和犧牲的準備⋯[3]。其他諸如擔任民意代表的游顥、陳明義、演藝圈的"瀾嘴仔"王中皇⋯都是先前服役時待過「海龍蛙兵」旗下單位的人物。目前陸軍中具備「海龍蛙兵」背景的將官也不少，最高階為擔任「陸軍教育訓練暨準則發展指揮部」指揮官的俞文鎮，另外在政戰幹部中擔任政戰局副局長的張維新，也都是當中曾經的海上蛟龍。

而近年在著名的法國「外籍兵團」中，也不乏有「海龍蛙兵」退伍之後的台灣青年在其中服役的案例，夏宜強就是最近的法外人士之一！

---

3 《破浪啟程》，暖暖書屋。

他們得通過法軍包括體能、智力、軍事專業等各項考驗，克服語文與環境的各種挑戰，被視為是法國軍力前進部署的利刃，依命令派赴世界各地去執行任務；這些可能很多還是國人都未曾耳聞過的地方。

左｜夏宜強在「海龍蛙兵」退役後，通過法軍的層層考核仍在著名的法國「外籍兵團」中服役。（Photo/ 夏宜強提供）

右｜在國軍中完成美國「突擊兵」訓練，又在兩棲營擔任過營長職的洪鴻鈞，堪稱是海龍部隊新一代的標竿人物，可惜遭遇墜機意外而令人不勝唏噓。（Photo/ 特指部提供）

如果說筆者與海龍部隊唯一一次的合作經歷，只能說在金門時擔任一線海防連所發生的"特殊遭遇"，但結果是令他們有一點點的小遺憾！

～那一年（199X）的某一個仲夏月下午，我連隊的防區內驚聞有對岸的國安人員要"投誠"，他搭乘了漁船來到我連上某蚵管哨外的礁岩上呼叫了老半天，但由於距離較遠、且風勢不對，讓呼叫的內容聽得不是很清楚，隨著潮汐的變化，眼見漲潮時即將會無情地淹沒礁岩，我趕

到現場後見兩方的呼喊依舊無見效，於是決定到鄰近的班據點，穿上救生衣、帶著45手槍，與一名吳姓上兵便下海游過去一探究竟，並順利將該員從即將淹沒的礁岩帶回到班據點等候上級派員來處置。由於該投誠人員的身分特殊，並指出尚有帶出來的重要情報還放置在礁岩上，因此沒多久連「海龍蛙兵」也聞訊趕來，拖來了快艇想要到該處礁岩搜尋。可惜該據點實在沒有適合的路徑可以讓小艇下海，等待期間潮汐已經淹沒那礁岩，讓這一隊興沖沖趕來的「海龍蛙兵」當時只能望海興嘆、抱憾而歸，失去了一次得以在承平時期能立大功的機會！

近年來，隨著金、馬等外（離）島陸續裁軍，許多軍方的空置營區被釋放出來，金門地方政府為了推展戰地觀光，已經陸續將一些遭到軍方裁撤的據點，列入營區活化的計劃中進行轉型；而位於金湖鎮料羅灣兩棲營附近的「龍堡三營區」（原E-082據點），也被整建成為以「海龍蛙兵」為特有主題的觀光景點。該景點於2015年對外開放，一進入營區便可見一座高2.5公尺的蛙兵雕像，立刻將海龍蛙兵的印象完全表現出來（紅短褲、面鏡、蛙鞋…等裝飾），還有成排已經汰除的快艇型號陳展。進入據點內部，坑道內懸掛著「海龍蛙兵」相關的檔案照片及文物，也會播放當時的訓練或操演影片，滿足遊客對於水鬼的想像，間接達到促進當地觀光產業發展的目的。

左｜做為金門縣政府營區活化的一部分，鄰近兩棲營的原 E-082 據點，已被整建成為「海龍蛙兵」主題的觀光景點。（Photo/ 潘志峯提供）

右｜遊客可以從 E-082 據點，遠眺整個料羅灣這一處養成「海龍蛙兵」的地方。（Photo/ 潘志峯提供）

左｜已經除役的 M2A2「成功艇」，可是上一代蛙人再熟悉不過的 "軍馬"。（Photo/ 航特部提供）

右｜「陸軍 101 兩棲偵察營」平時負責近海巡弋、各離島間運補船的護航、無人島搜索⋯等任務。（Photo/ 黃竣民攝）

第四章
航空特戰的新時代

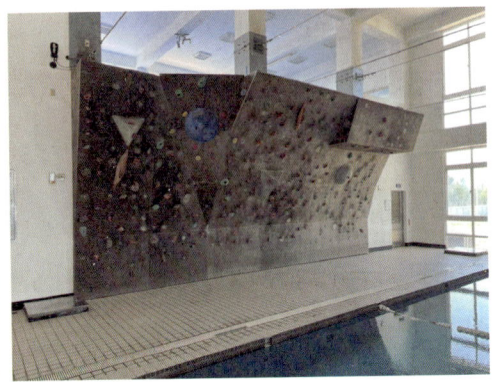

左/右｜新建完成的戰技館，讓「海龍蛙兵」的操課訓練效率提高。（Photo/ 兩棲營提供）

　　隨著組織的調整，國軍中也有更多的交流機會，例如原本在「海龍蛙兵」擔任幹部的林聖豪，他在自願加入陸軍蛙人部隊後，通過「硬漢路」的考驗，以第一名的成績自海龍儲訓隊結訓，隨後又以 39 歲的高齡報名參加「突擊兵」訓練，也是以第一名的成績完成「突擊兵幹部訓練班」的挑戰，創下國軍軍史上同時擁有在「海龍蛙兵」和「突擊兵」訓練中，均取得第一名成績結訓的紀錄。而翻開這樣完成陸軍中兩項特種兵訓練特殊資歷的人物，竟然也有好幾位，以後也只會更多呢！

左｜隨著組織調整，「海龍蛙兵」也成為航特部最新的生力軍。（Photo/ 力言提供）

右｜在航特部裡具備「突擊兵」+「蛙人」資格的人物不少，圖中左一的林柏志就是其中之一。（Photo/ 航特部提供）

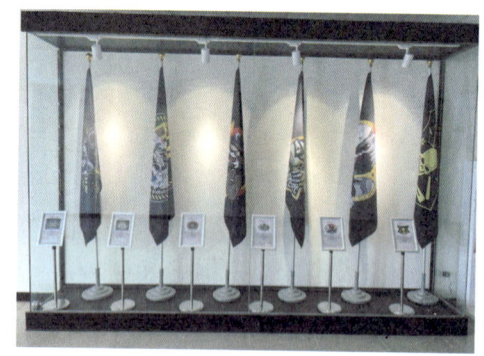

左｜「海龍蛙兵」隊史館內陳展了異於一般部隊的戰鬥旗，由左至右分別為營部、營部連、偵1、2、3連與儲訓隊。（Photo/ 特訓中心提供）

右｜不讓新加坡的電影《新兵正傳Ⅲ：蛙人傳》（Ah Boys to Men 3: Frogmen）專美於前，「海龍蛙兵」完成儲訓隊的訓練後，一樣舉辦過獨特的水下結訓典禮。（Photo/ 航特部提供）

儘管未來的任務或許還會適應國家戰略而有所調整、駐地與訓練科目也會有所不同,然而這幾十年來「海龍蛙兵」所傳承自「成功隊」以來,那種「海域殲敵耀英豪、龍騰虎躍衛國疆」的愛國精神,相信是並不會因為時間而改變。

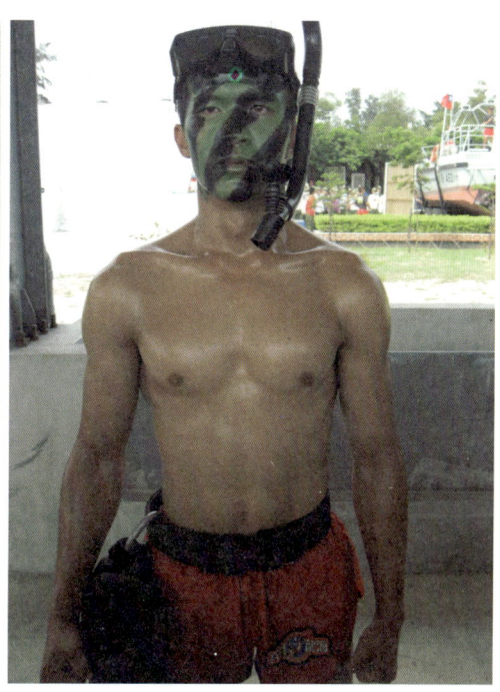

左｜敵岸任務搏生死,水鬼名聲永流傳。(Photo/ 中華民國陸軍海龍蛙兵退役人員協會提供)
右｜承襲著光榮的傳統,新一代的「海龍蛙兵」。(Photo/Wiki)

第五章

注重傳統與開創未來

- 傳統傘降的「全美」與現代空突的「嘯鷹」為鏡
- T-10 傘花開一甲子、後續開哪種傘花？
- 「大武營」滾一甲子、「大聖西」續創新猷
- 從「土法煉鋼」邁向「科技練兵」之路
- 「雙腿保持併攏！」（美國陸軍空降學校現況）
- 跳傘危險嗎？
- 時代出女力、航特續前行

傳統傘降的「全美」與現代空突的「嘯鷹」為鏡

美國空降兵力的規模，雖然隨著世界局勢的轉變而有所變化，但是從二戰結束之後，基本上只保留了二支空降師；而這一支作為美國陸軍迄今唯一現役空降師的「第82空降師」，至今仍然活躍在全球的各個戰場中。

左｜李奇威帶領著「第82空降師」完成轉型並一路征戰，韓戰更讓他獲得了"拯救韓國的人"之稱，最後擔任到美國陸軍參謀長一職。（Photo/U.S. European Command）

中｜「第82空降師」的外號是「全美師」，其臂章的AA代表著"All-American"。（Photo/Wiki）

右｜接替李奇威擔任師長的蓋文，也是美國自內戰以來指揮陸軍師當中最年輕的將軍。（Photo/US Army）

其實「第82空降師」的前身，是由1917年8月25日成立「第82步兵師」轉變而成。這一個在第一次世界大戰期間於喬治亞州新編而成

的師級單位，由於最初的兵員來自美國的 48 個州，因此獲得了「全美」（All-American）師的綽號，這也就是其傳統臂章上 "AA" 的緣由。[1] 該師後來是「美國遠征軍」（AEF）的一部，經英國開赴烽火中的歐陸，成為在西線對抗德意志帝國軍隊的七支美國陸軍師之一，並在 1918 年的下半年參與過「聖 - 米耶爾戰役」（Battle of Saint-Mihiel）和「默茲 - 阿貢攻勢」（Meuse-Argonne Offensive），並在戰役中表現出色。

第二次世界大戰期間，美國是在中場以後才加入這一場範圍空前的大混戰，但有鑑於當時美國對於建軍備戰的新兵種、戰術與武器的開發均明顯落後，而德軍的閃電戰術不僅為其成功地迅速征服強大的對手（尤其是對西線法國的征服），之後入侵克里特島，也為美國陸軍上了一課新的空降作戰。美國為了全面跟上當時世界軍事強國的武器裝備發展步調，於是展開許多方面的革新，這一些作為的其中之一就包括了組建空降部隊[2]；而當時就選定由馬修・李奇威（Matthew Bunker Ridgway）所指揮的「第 82 步兵師」進行改編，這也是改編作業中最早的一支。

---

1 埃本・斯威夫特（Eben Swift）是該師的首任師長，1918 年 4 月他選用了「全美」師的名稱，以反映該師的人員組成來自當時的 48 個聯邦州；而他本身便是 1897 年為美國陸軍創造「軍事決策程序」（Military Decision Making Process, MDMP）的關鍵人物，現在軍方所熟悉的命令五段格式便是出自其手。
2 美國陸軍最早的規劃是要組建 5 支空降師，但直到二戰結束也只組建完成第 11、13、82、101 空降師。

當時空降師在美國陸軍中還只是一項實驗性的部隊，要將整個步兵師轉變為空降師的過程，對當時的美國陸軍而言，不僅官兵需要大量新型態的訓練，連武器與裝備也都要進行測試和試驗，而能被高層選中執行這一項部隊轉型的先鋒任務，某種程度上是看重李奇威具有豐厚的教官背景。由於其職業生涯具備的豐富見識與教學技巧，和他的同僚們相較之下理應在軍事思維上更加靈活，而李奇威也的確不辱使命，讓美國陸軍第一支空降師於 1942 年 8 月 15 日成軍。

成軍之後的「第 82 空降師」，首度於 1943 年 7 月 9 日參與對義大利屬西西里島（Sicily）的戰鬥行動，接著在安齊奧（Anzio）贏得了"穿著寬鬆褲魔鬼"（Devils in Baggy Pants）的綽號、登陸諾曼第的「D-日」（D-day）行動自然也少不了、在「市場花園行動」（Operation Market Garden）中成功奪佔橋樑目標、渡過瓦爾（Waal）河，並在德國最後的阿登（Ardennes）反擊戰中頂住德軍的攻勢，然後一路打進德國直到納粹倒台。在這一段期間，該師的師長是由年僅 37 歲的詹姆斯‧蓋文（James M. Gavin）少將出任；而他也寫下美國自內戰以來指揮陸軍師當中最年輕的將軍。

二戰結束之後，「第 82 空降師」重新佈署至北卡羅來納州的「布拉格堡」（Fort Bragg），並成為一支正規的師級單位。戰後的美國總統都意識到蘇聯在全球的擴張行動，由於該師能夠透過降落傘達成快速部署的能力，能夠在全球危機時即時做出反應，因此該單位也順理成章地擔負著美國戰略預備隊的角色迄今。

第五章 注重傳統與開創未來

　　隨著國際情勢的變化，該師陸續在多明尼加、格瑞納達、巴拿馬、科威特、伊拉克和阿富汗等地參與作戰任務。在 2021 年 8 月 30 日 23 時 59 分，也就是美軍狼狽撤出阿富汗首都喀布爾機場時，該師的師長克里斯多夫．多納休（Christopher Todd Donahue）少將，也是駐阿富汗美軍最後一名登上 C-17 運輸機撤退的軍人。

左｜多納休少將師長是最後一名登上美軍 C-17 運輸機撤出阿富汗的美軍。（Photo/US Army）

右｜接替多納休成為該師第 52 任師長的克里斯多福・拉尼夫（Christopher C. LaNeve），目前擔任駐韓美軍「第 8 軍團」的指揮官一職；2018 年作者還在德國的「格拉芬沃爾訓練場」中，贈他台灣裝甲（鍾山）部隊的紀念幣。（Photo/黃竣民）

　　隨著俄烏戰爭在 2022 年全面開打，美國雖然在檯面上沒有直接參與戰爭，但為了威懾俄軍並給烏克蘭軍多一點底氣，該師曾前進部署至波蘭與羅馬尼亞靠近烏克蘭的邊境，而教官團也在德國的威斯巴登（Wiesbaden）訓練烏軍官兵，為 21 世紀的抗俄戰爭背後做出貢獻。

左｜作為一支能全球戰略投送的快速反應部隊，「第82空降師」在美軍中一直有著特殊的地位。（Photo/US Army）

右｜在「亞伯丁試驗場」（Aberdeen Proving Ground）舉行的M10「布克」輕型戰車接裝典禮，該車也是最先撥交給「第82空降師」進行單位測試。（Photo/US Army）

由於美國陸軍部隊的持續重組，在最新一輪的變化中，削減包括特種作戰部隊、支援部隊上萬名員額，駐紮在美國本土的「史崔克旅」和步兵旅戰鬥隊中的裝騎中隊。以最新的發展為例，「第82空降師」也裁撤了裝騎中隊，但獲得了一個戰車測試部隊，用以測評最新的M10「布克」輕型戰車；預計在2025年夏季之前能夠在該師部署第一個作戰連隊。該車先前稱為「機動防護火力」[3]，是為步兵旅戰鬥隊提供移動、防護的直接火力用，其火力足以對輕型裝甲車、敵方防禦工事和徒步人員進行致命和持續的遠程打擊。這也是繼M551「謝里登」

3　對此命名在美軍已有先例，M10「布克」戰車命名之前稱「機動防護火力」（Mobile Protected Firepower）、先前的M1128稱為「機動火砲系統」、胎死腹中多次的M8則稱為「裝甲火砲系統」（Armored Gun System, AGS）。

（Sheridan）輕型戰車、「史崔克」家族中的 M1128「機動火砲系統」（Mobile Gun System, MGS）之後，終於再度擁有一款最新且昂貴的突擊砲。

作為一支編制超過 1 萬名官兵的現役作戰師，在現今美國陸軍繁重的多元任務下，該師能執行戰略、戰役和戰術任務級別的作戰任務，不論是從空降敵縱深，奪佔戰略目標，支持和鎮壓有關國家的敵對勢力，到綏靖作戰⋯等，「第 82 空降師」一直都擔負著快速反應部隊的角色，能夠在接獲命令的 36 小時內，在全球任何的地方集結、部署和執行作戰或提供人道主義援助的任務。傘兵的歷史已經超過九十年，儘管早期不乏損失慘重的戰例，但空降部隊總是讓人有著精銳部隊的深刻印象，這些也都是因為他們嚴格作訓、戰鬥凶狠所換來的威名。

另一支被大眾所熟知的「第 101 空突師」，也就是所謂的「嘯鷹師」，雖然也是在第一次世界大戰末期所組建的「第 101 步兵師」轉型而來，但卻沒能及時參戰，因此在組建之後並沒有舞台可以表現，戰後沒多久就被解編了。1942 年 8 月 15 日該師奉令成為現役師，並成為繼「第 82 空降師」之後的第二支空降師。在此也不得不講到「嘯鷹師」的師徽，

也就是那一隻名為「老亞伯」（Old Abe）[4]的老鷹，牠隨著「第8步兵團」四處征戰並獲得了獨一無二的待遇，牠的鷹頭側面像，自1921年以來一直是該師的圖騰代表，迄今位於「坎貝爾堡」（Fort Campbell）的師部大樓中庭，依然展出牠的大型立體模型。

「第101空降師」直到諾曼第登陸戰才打出名號，之後陸續參與了「市場花園行動」，並在「突出部戰役」令人刮目相看，雖然參戰的次數沒有「第82空降師」豐富，但受到影視著作的不斷推波助瀾，讓該師的名氣反而超越了前者。另一項紀錄，是該師在高空自由落體跳傘的啟蒙較早，當時由駐地的官兵所組成了名為「坎貝爾堡」的跳傘隊，這可是陸軍中第一支此類型的跳傘表演隊伍，甚至比陸軍正式編制的「金騎士」跳傘隊還要早一年！[5]

---

4 以紀念美國的第16任總統亞伯拉罕・林肯（Abraham Lincoln）。早在1860年代美國內戰時期，北軍新成立的威斯康辛州「第8步兵團」就採用該鷹的圖像為標誌，該團也很快也就被暱稱為"老鷹團"，是美國陸軍服役中最著名的吉祥動物。

5 該隊於1958年成立，但直到1984年，才將「坎貝爾堡」跳傘隊更名為「嘯鷹」（Screaming Eagles）跳傘隊，目前規模雖然較「金騎士」跳傘隊小很多，但每年仍有約60場的公開演出。

第五章
注重傳統與開創未來

左｜「第 101 空降師」在巴斯通（Bastogne）被德軍包圍時，代理師長的安東尼・麥考利夫（Anthony McAuliffe）拒絕德軍招降，而說出 "Nuts" 的經典名句，讓外界了解到該部隊的韌性。（Photo/US Army）

中｜雖然已經轉型為「第 101 空突師」，然而這一支 "尖嘯的老鷹"（Screaming Eagles）部隊卻持續在寫出新的傳奇。（Photo/Wiki）

右｜該師能夠威名遠播，還得拜理查德・戴維斯・溫特斯（Richard Davis Winters）的故事，讓 HBO 在 2001 年播出的《諾曼第大空降》電視劇名利雙收。（Photo/Wiki）

　　二戰之後，該師的命運就起起伏伏，在越戰期間才又找到舞台，並贏得了「越南遊牧民族」（The Nomads of Vietnam）、「雞人」（Chicken men）的稱號。值得一提的是，在越戰末期該師奉命實驗空中機動部隊的結構與裝備，並在實戰中取得了相當的戰果，讓美軍也決定在 1974 年將該師從跳傘轉型為搭乘直升機進入戰場的「空中突擊師」，由直升機取代二戰時期的滑翔機，而成為後續各國陸軍爭相模仿的對象。

　　如今該師的官兵，多是從「空中突擊學校」（Air Assault School）結訓，其訓練的艱苦程度向來在美軍中有著 "陸軍中最艱苦 11 天"（The toughest 11 days in the Army）的稱號，受訓學員的合格率不到一半是常

態；而且通常在第一天就會刷掉約 15% 的學員。訓練課程包括直升機垂降、索具和吊索操作、飛機安全、航空醫療後送程序、導航…外，期末測驗更是背負 45 磅重的背包，在 3 個小時內跑完將近 20 公里的路程作為"結訓禮物"；因此只有硬漢的士兵有資格佩戴空中突擊徽章。

　　由於空中突擊行動是由高度機動性的隊伍組成，作戰範圍可達較遠的距離，並能在敵後與敵軍交戰，而且通常是摸黑出擊將敵軍打得出其不意。尤其在 1980 年代「空地一體戰」理論甚囂塵上的年代，該師絕對是全球將此教範發揮得最淋漓盡致的單位。在「第一次波灣戰爭」期間，該師麾下的 AH-64 攻擊直升機成功摧毀了伊拉克的兩座預警雷達站，打響了解放科威特戰爭的第一槍。接續又完成了對敵後縱深近 250 公里的襲擊，寫下戰史上「空中突擊」的新紀錄。該師在波灣戰爭中的 100 小時地面戰僅以陣亡 16 名士兵的代價，摧毀大量的伊軍裝備，還俘獲數千名敵軍。

左 / 右｜從空降師轉型為獨一無二的空中突擊師，該師率先實踐了空中機動作戰的理論。（Photo/US Army）

殊不知，美軍這一套"快速反應作戰理論"體系的建立，其實和前師長麥斯威爾．泰勒（Maxwell Davenport Taylor）[6]的著作大有淵源，在他所撰寫的《不確定的號角》（The Uncertain Trumpet）一書中所提的威懾理論，正是基於這種快速反應的作戰模式，讓美國在冷戰期間，即便承受飛彈差距和常規部隊不足以對抗前蘇聯下，結合新舊武器的實用計劃，彌補以美國為首的民主陣營，抗擊在軍事力量威脅上不平衡的共產主義集團。

隨後該師在盧安達和索馬利亞的人道救援工作上做出貢獻；部隊也在海地、波士尼亞和科索沃擔任維和行動；而在反恐與綏靖作戰上，該師當然也沒有在阿富汗和伊拉克缺席過。在俄羅斯發動了所謂的「特殊軍事行動」後，離開歐洲戰區將近 80 年的「第 101 空突師」，被前進部署至羅馬尼亞，象徵著對北約東翼（羅馬尼亞、保加利亞、匈牙利和斯洛伐克）堅定的防衛承諾。

「第 101 空突師」身為一支獨特的部隊，其部署的一舉一動都能夠受到全球關注，也說明了對「垂直打擊」能力的肯定，在美國陸軍部隊中以強大的機動力擔任"矛尖"（The tip of the spear）的角色，也是實至名歸。

---

[6] 在 1947 年泰勒擔任美國西點軍校校長一職時，起草了第一份正式的榮譽信條，成為西點軍校書面「學員榮譽守則」（Honor Code）的開始。

身為美國最早組建的 2 支空降部隊，雖然「第 82 空降師」與「第 101 空突師」在越戰之後已經分流，然而其擔任美軍全球高度戰備的快速反應部隊而言，這兩支具備優良傳統與卓越戰績部隊，勢必仍被美國所高度倚重，對於世界局勢的變化做出最快的部署。

獨特的「第 101 空突師」具備陸軍無所比擬的機動力，經常是快速反應部隊的矛頭。（Photo/US Army）

T-10 傘花開一甲子、後續開哪種傘花？

隨著T-10型降落傘的使用漸趨老舊，在後勤妥善與安全性的問題上日益棘手，但國軍對於新式傘具的採購作業上，似乎也面臨到青黃不接的情境。現行傘兵基本傘訓所使用的T-10系列人員傘，已是1960年代由美軍顧問團贈與設計圖並無償授權使用的產品，然而舊版的設計在開傘時傘衣受力不均，導致傘繩容易纏繞而常發生驚險的事件。加上我國的空降場範圍小得可憐（長1,000公尺x寬300公尺），中間還被189號道公路給貫穿，因此每次傘兵在執行波次空跳時，都得動用警戒勤務執行地面交管以確維安全。使用這種舊式的非人員操縱傘具，幾乎每隔一段時間就會發生跳傘意外的不幸事件；尤其是秦良丰的事件更引起國人的關注，對於換裝新型傘具的聲浪達到了頂點。

儘管如此，正如國軍的許多裝備一樣，在外購與自行研製的路徑上總是各執一詞，要達成一種共識或決議多有困難，也有很多前例是已經決行之後又政策轉彎，所以對於新型傘具的爭議恐怕還得等待時間給答案。

屏東潮州空降場的範圍不大，還有189號道公路貫穿其中，因此基於安全考量，學員跳傘波次的人數也逐年遞減中。（Photo/ 葉宜盛提供）

左｜潮州空降場周邊有魚塭、養雞場密布，對初階傘兵空跳的心理壓力頗大。（Photo/ 空訓中心提供）

右｜新型傘具的汰換案，多年來在國造研改與對外採購上陷入糾結，究竟台灣之後的天空會開出哪一型的傘花，國人就拭目以待吧！（Photo/ 黃竣民攝）

　　儘管近年來美軍、加拿大已經全面換裝由「空降系統」（Airborne Systems）公司所設計、開發和製造的 T-11 型傘具；歐洲的法國、德國、荷蘭、比利時等近年也開始使用「賽峰電子與防務」（Safran Electronics & Defense）公司所研製的「戰鬥降落傘組」（Ensemble de Parachutage du Combattant, EPC），取代已使用約 60 年舊款的 T-10R 降落傘系列，但在國軍傘兵圈內卻仍有著不同的聲音。不可否認的是，美製的 T-11 型人員降落傘能有效降低跳傘初學者的受傷機率，從美軍針對 T-10 和 T-11 型降落傘系統肇生著陸傷害發生率的研究看出，實驗參與者是美國陸軍空降學校的學員。學員們先使用 T-11 進行了第一次跳傘，隨後又

使用 T-10 進行了跳傘，再從例行報告中蒐集傷害的數據（戰鬥跳傘和夜間跳傘被排除在分析外，僅針對畫間徒手跳傘作研究對照）。結果在蒐集 30,755 次的空跳中（T-10 型 21,404 次、T-11 型 9,351 次）共發生 76 起受傷事件，整體累積的跳傘受傷機率為 2.5/1,000 次；使用 T-10 型降落傘的受傷機率為 2.9/1,000 次、T-11 型降落傘則為 1.6/1,000 次。

左｜T-11 型降落傘的傘衣面積較 T-10 型大了近 3 成，目前美軍已大量採購超過 5 萬頂正實施替換中，而國內的空降場條件合適與否，曾陷入爭辯中。（Photo/US Army）

右｜美軍的實戰經驗顯示，隨著傘兵所攜帶的裝備重量直線增加，因此更換 T-10 型降落傘是勢在必行。（Photo/US Army）

儘管跳傘技術經過數十年的不斷改進，已經被認為是一種相當安全的"運動"了，並非是軍隊的"專利"，但是在各國的空降部隊中，卻仍然會不時傳出訓練意外發生的事件。如果參考「以色列跳傘訓練中心」（Parachuting Israeli Training Center）跳傘受傷率和模式的研究，他們從事故報告和飛行清單中蒐集了 43,542 次軍事跳傘的數據，將其分成：

重傷（骨折、脫臼、頭部外傷）和輕傷（挫傷、擦傷、扭傷）這兩類傷害的定義。綜合統計跳傘的整體傷害率為 0.89%，其中重傷事故的發生率為 0.21%（最常見的重大傷害是腳踝骨折和頭部外傷）；輕傷率為 0.68%（最常見的輕傷是腳踝扭傷）。即便在這樣的科學數字佐證下，傘兵依舊被視為是高風險的兵種，因為數字是冰冷的，只要不是 0，那就有機會發生，而沒有發生在自己身上，那本身的家人與親友們也就永遠也無法感同身受吧！

然而 T-11 型降落傘的開傘時間更晚（約 6 秒），下降速度變慢也會導致滯空的時間拉長，對於範圍有限的潮州空降場而言，除非天氣的風向 / 風速極度適合跳傘，否則傘兵被飄出場的機會或許要更高一些；儘管 T-11 型降落傘抗天氣條件的性能更佳（允許空跳的最大風速為 15 哩 / 時、允許跳出的空中航速為 173 哩 / 時），或許這樣的優點在此並沒有適當的舞台可提供它表現，如果要修改跳出機門的程序與減少波次的人員（已降到 6 人 / 波），那對於完成傘訓的平均時間勢必會拉長。再者，美國陸軍的研究也發現使用 T-11 型降落傘具有較高的傘繩纏繞風險（T-11 型為 0.51/1,000 次、T-10D 型為 0.22/1,000 次），這也是比起 T-10 型降落傘更讓人詬病之處。我國如果在未來會使用該型傘具時，或許現在可以先未雨綢繆，針對這樣的性能缺陷，及早做出相對應的訓練措施！

美軍從 2009 年經大量測試後才裝備使用 T-11 型降落傘，以汰換 5 萬頂現用的 T-10 型降落傘具。它與 T-10 型降落傘之間的主要性能差異，

在於負載能力可以達到 400 磅（184 公斤），以適應當今傘兵作戰所攜帶的裝備越來越重的趨勢。因為從戰史經驗的發展趨勢來看，美國傘兵在 1989 年執行「正義之師行動」（Operation Just Cause）空降進入巴拿馬時，所有的傘兵部隊中只有 4% 攜帶的物品是超過 350 磅（159 公斤）。但是在十多年後的伊拉克和阿富汗作戰時期，每一位傘兵的平均空跳負重已經增加到了 353 磅（160 公斤），因此美軍認定 T-10 型降落傘已經無法滿足爾後的戰鬥負荷，更換新式的降落傘具是勢在必行。

如果未來採用國造研改的方案，國內也坦言對於降落傘所需的材料都能生產，而製作時的人力成本也較低，唯一的缺憾是我國長期以來較缺乏該領域的設計人才，軍備局的 209 廠傘具製配所並沒有這種能量，這種類似科技產業長期只會做代工的悲哀，才會導致長年以來無法研製出符合我軍傘具的原因。如果依照國軍編裝的趨勢走向，未來的特戰部隊規模一旦持續縮編下去的話，那對於更換傘具的數量與迫切程度恐怕會更雪上加霜；而萬一研製出來的產品難有行銷成績，造成國防預算投資的效益不彰而遭檢討，恐怕也才是這一個領域舉步維艱的原因。

儘管我國的空降部隊在規模上已經不復以往，跳傘的次數相較上個世紀也大幅減少，然而不管新型傘具是外購或研改的最終結果為何，當航特官兵弟兄姊妹從跳出機門的那一瞬間，他（她）們都可能是自己的親友，陸軍要提供一具能夠讓傘兵們安心降落的傘具，這不僅是一種道義，更是一種責任與義務！

「大武營」滾一甲子、「大聖西」續創新猷

　　2021年，對曾經與現役的中華民國傘兵們而言是一個值得感傷的時刻，因為培訓約40萬名傘兵的「大武營區」，在9月底完成其逾一甲子的歷史性任務，配合地方政府都市重劃及地方發展，遷往屏東機場的「大聖西」營區。這座自1958年起就成為傘兵地面訓練的基地，歷經「空降教導團」、「空降部隊司令部」…等番號的更迭，自此也走入了國軍的歷史洪流。

左｜「大武營區」的搬遷讓許多人感傷，畢竟很多人的青春都曾耗在這裡，例如從少尉任官、高空排排長、本部連連長、一路到「空訓中心」指揮官的駱貞俊上校（退），感受就特別刻骨銘心。（Photo/ 駱貞俊提供）

右｜由於當時正值「新冠肺炎」肆虐期間，因此關閉「大武營區」時並沒有辦法舉辦任何的活動，只能由當時「空訓中心」的指揮官匡上校代表，在營區門口對這一座孕育傘兵一甲子的"母校"致上最敬禮。（Photo/ 空訓中心提供）

　　由於全球正值「COVID-19」肆虐期間，營區關閉亦無法邀請外界

人士共同見證這個歷史性的時刻，謹由營區指揮官與資深老師象徵性地對這一座孕育傘兵的營區致敬與告別。在地面訓的草皮上，熟悉的"姿勢"、"1秒鐘、2秒鐘、3秒鐘、4秒鐘，檢查傘，注意四周，準備著陸"的答數聲，還有跳不完的蹲跳（腿力訓練）與跳台側滾⋯，只能迴盪在屬於上一代傘兵的腦海裡了！

左｜屏東的「大武營區」從1958年起成為培訓傘兵的搖籃，所有掛上傘徽的傘兵，基本上都是從這營區走出去。（Photo/ 王清正提供）
右｜在地面訓練中通常第一天就會讓人全身痠痛，圖為學員正在進行的吊架訓練科目，臂力不夠便很難操傘。（Photo/ 黃竣民攝）

　　或許大家都知道，如果要接受兩棲偵搜部隊、海龍蛙兵、突擊兵的訓練都是得"拔階受訓"，但畢竟這些耗費體力的訓練，考量到結訓後的部隊派職，基本上都是尉級軍官，士官或志願士兵為主，罕見會有校級以上的軍官參訓。但要進入空特部（現航特部）的單位任職，首先要接受基本傘訓，這是上至指揮官，下至伙房兵，都得要會的基本技能。但是在這樣每天充滿著滾、跳操練的課目中，對於50歲要調入航特大家庭的幹部而言，操練與要求卻也沒有任何優待。畢竟一跳出機門後在

空中到著陸這一段期間全得靠自己，誰也幫不了，因此「空訓中心」的訓練是"眾生平等"！也只有在這裡才會有"將軍拔階、入列是兵"的特殊軍中文化，隨便都能舉出如：武立文、李智雄、文天佑、樓偉傑、唐明德、王信為…等將軍，這些都是曾經歷過那一段在地面滾翻，被傘教組士官助教操翻的狼狽過程。要知道和將軍同梯受訓的學員可能年紀相差卅歲，如果不是到那個歲數的資深軍官，當下是很難感受何謂～"資深將領菜傘兵"的滋味啊！

左｜上至指揮官，下至伙房兵，一旦調入空特部隊就得先拔階再從地面"滾"起（跳台測滾），如果沒有拿到傘徽，連基本的領導統御恐怕都會站不住腳。圖為時任航特部政戰主任的文天佑少將。（Photo/ 空訓中心提供）

右｜傘兵落地並完成收傘後，必須小跑一段回到集合點，目的在檢視跳傘員於著陸後的腿部有無受傷。（Photo/ 王清正提供）

除了培訓傘兵以外，近年來政府推動「全民國防」的議題也很火熱，國軍有許多營區也都紛紛舉辦所謂的「暑期戰鬥營」、「寒假戰鬥營」活動，而「空訓中心」的「傘訓特戰營」自然也是其中頗受年輕學子喜

歡的營隊（2006年後由國防部接辦）。早年還有救國團為激發年輕學子的愛國熱忱，同時瞭解國軍各項備戰任務，曾大力推廣所謂的「自強活動」實為老一輩人就學時的深刻記憶；尤其是屏東涼山的「虎嘯戰鬥營」。當時國家經濟條件還沒上軌道，一般家庭多會鼓勵孩子參加這種藉由實訓、實作的營隊，吸引年輕學子體驗國防事務，積極學習戰鬥技能與冒險犯難的精神，期望能擔負起反共復國的重責大任。雖然當時漢賊不兩立的時代背景與現在兩岸環境已截然不同，但推廣國防專業與軍事特色的活動，為國防人力儲備更多的新血，也是「全民國防」教育的宗旨之一。

延續早年救國團的「自強活動」，在推廣「全民國防」教育的政策下，「空訓中心」的「傘訓特戰營」也一樣是青年學子眼中炙手可熱的營隊之一。（Photo/王清正提供）

「大武營區」占地約 23 公頃，然而其中超過一半是屬於屏東縣政府的產權，2008 年時國防部提出「大武營區」的搬遷計畫給內政部通過後，2014 年經屏東縣政府完成都市計畫等的相關程序，便陸續展開營區搬遷的程序。「大武營區」的營區土地現已非軍用地，而是被區分為機關用地住宅區、樂齡產業專用區、運動休閒健康專用區、公園用地及道路用地；其中因「高雄榮總屏東分院」醫療大樓及宿舍大樓決定落址於此，因此部分土地於 2019 年已變更為醫療專用區。

左｜原「大武營區」已轉型成為多樣化的場域，其中之一便是醫療專用區。（Photo/ 黃竣民攝）
右｜屏東縣政府仍保留原「大武營區」內十餘棟歷史建築，未來將轉型成為軍事主題文創園區，賦予它時代的新生命。（Photo/ 黃竣民攝）

　　「大武營區」內的歷史建築物本體則大多登錄為國家文化資產（包含：「特戰營兵舍」、「醫務室」、「隊史館（正氣樓）」、「隊史館附屬小屋」、「聯合二級廠」、「二級廠辦公室」、「救災整備庫房」、

「空降勤務營營部辦公室」、「戰備大樓」、「戰情大樓」、「防空洞」、「傘具修護工廠」、「烘傘房」等13棟）展開修復活化，在修繕完成後除部分提供展示及公共服務外，其中包括「傘具修護工廠」在內的9棟建築物（約3,000坪的空間，將陸續啟動招商進駐園區。在建築物修護期間，還曾於2023年2月初發生一起人為縱火案件，導致隊史館屋頂、木樑…等主要結構被燒毀的憾事，簡直是不可思議！

經過7年時間的擘劃與興建，於2022年12月正式啟用的「大聖西」營區，是原本位於空軍屏東基地內南邊的瀉地，原有的陸軍空投連營舍於此，西有亞航維修的機棚、東有防空飛彈部隊。「大聖西」營區的基地面積共計22萬1,700平方公尺，一進門就是「軍令如山、軍紀似鐵」的大牌坊，在建築的外觀設計上加入了許多傘兵的元素，如翅膀、傘兵著陸…等裝置藝術，充分展現新生代「傘兵搖籃」的特色。除了「空訓中心」的直屬部隊外，還有負責接訓的學員大隊，整體的環境寬廣的多，教學的場地與生活區可以明顯做出區隔。全新的訓練場地及設備、多功能訓練館，對於強化訓練成效大有助益，更人性化的兵舍（告別過去大通舖的年代）對於官兵生活上的照顧更貼心，機能完整安全實用的傘儲庫房更貼近使用需求，全面成為新一代「傘兵的家」。

左｜1964 年在「大武營區」建造神龍俱樂部時，特別打造的「神龍照壁」，這一面可說是「神龍小組」的精神牌坊，搬新家時也得費工夫地一併搬遷。（Photo/駱貞俊提供）

右｜「神龍照壁」精神牌坊已經遷至「大聖西營區」，延續「神龍」的精神。（Photo/黃竣民攝）

2022 年年底正式啟用的「大聖西營區」，已成為新一代的「傘兵搖籃」。（Photo/黃竣民攝）

在訓練設施方面，基本地面訓原有的「跳台側滾」、「機身訓練」、「擺動著陸」、「吊架訓練」、「跳塔訓練」等 5 大站，在訓練動線上加強訓練的連續性，新建的設備也更加安全；也由於多增加從 UH-60M「黑鷹」直升機跳傘的任務需求，因此增設了 6 呎高的「跳台側滾」訓練平台（坐姿跳出模式），又受到直升機飛行高度（2,000 呎）氣流的影響會導致張傘較慢，因此答秒時間從原本的 4 秒延長為 6 秒。在多功能訓練館內則設有水深 5 公尺的游泳池，讓官兵可針對水域著陸進行訓練，這在以往簡直是夢幻設施。新的高塔訓練塔也較先前的具有更多的訓練功能，它多開了一個尾門，利於高空跳傘及「神龍小組」的學員模擬從 C-130H 運輸機或 CH-47SD 型直升機的尾門跳出使用。

　　為適應未來戰爭場景的變化需求，最近也研擬朝直升機水域滲透跳傘的訓練路徑轉型，一來是降低對空軍運輸機的依賴度，另外也能提升特戰部隊小規模作戰的靈活度，強化特戰官兵應對多機型載具跳傘能力。而從陸續釋放出來的訓練影片中，特指部的官兵從 UH-60M「黑鷹」直升機跳下，訓員在水域降落後並完成傘具的脫離，接著迅速以武裝泅渡的方式向岸際滲透。對於從空中進行滲透作戰的行動而言，無疑是多了一種選項。

左｜搭乘黑鷹直昇機執行水域跳傘，是「空訓中心」最新的訓練科目。（Photo/ 孫建屏提供）

右｜新的高塔，除了原有兩側仿機門的出口外，前方還有仿運輸機尾門的平台。（Photo/ 黃竣民攝）

左｜每次部隊操課集合，教官喊完"姿勢"的口令，學員接續獨特的傘兵答數後，免不了先來一頓「腿力訓練」；這也是這群菜鳥傘兵上課前的"小菜"（熱身運動）！（Photo/ 黃竣民攝）

右｜任何一位傘兵，都是先從四個方向、六個動作的「跳台測滾」站給"滾"出來的。（Photo/ 黃竣民攝）

第五章 注重傳統與開創未來

左｜學員在「擺盪著陸」的項目中，經常出現戲稱"摔豬肉"的畫面。（Photo/ 黃竣民攝）

右｜「大聖西營區」將承接起培訓新一代「傘兵搖籃」的角色。（Photo/ 黃竣民攝）

左｜學員在強風快起立的訓練科目中，傘衣被強風吹動下，傘兵著陸後如果無法盡速起立收傘，很可能不用到月底，馬上就會嚐到"吃土"的滋味。（Photo/ 空訓中心提供）

右｜好大的電風扇！這一具鼓風機能瞬間吹出 5 公尺 / 秒以上的風速，讓傘兵模擬在強風下落地起立收傘的動作。（Photo/ 空訓中心提供）

此外為了加速「國軍空降特戰勤務加給」的推動，讓服勤的傘兵弟兄姊妹們能在現行的勤務加給上更有感，於 2020 年更將高空跳傘各階提升 4,400 元；一般跳傘各階提升 4,000 元（調整後軍官為 7,200 元、士官 6,700 元、士兵 6,200 元），此舉就是希望航特部所屬官兵能在風險

與薪資上獲得更好的平衡。此外，國防部為因應從 2024 年起義務役恢復成一年的役期，為吸引義務役士兵也能加入高強度訓練的特戰部隊，以補充主戰部隊人力吃緊的編現比狀況，因此針對新的義務役役男也祭出相關的加給辦法，例如到空投部隊服務的士兵則加給 2,200 元、特戰部隊 6,200 元、「高空排」為 10,800 元、「特種勤務中隊」則為 29,500 元；這也是幾十年來對傘兵較有感的實質助益；這還不包含今（2025）年起提高志願役官兵的加給方案[1]！

即便駐地經過調整，做為新的「傘兵搖籃」，對於磨練跳傘技術與培育新一代傘兵的角色並未改變。（Photo/ 空訓中心提供）

1　志願役加給增加 5,000 元、第一類（步兵、砲兵、裝甲兵、海軍艦艇、陸戰隊、空軍防砲、防空飛彈指揮部連級單位、憲兵 202 指揮部等）戰鬥加給增加 3,000 元；第二類（前述單位的營部連）戰鬥加給增加 2,000 元。

從「土法煉鋼」邁向「科技練兵」之路

菜鳥傘兵，總會在出機門之前不僅會受到高度的緊張情緒所影響，出機門後也常因為六神無主，而將地面訓的所學忘得一乾二淨。（Photo/ 王清正提供）

　　追隨著世界「科技練兵」的潮流，傘兵自然也無法置身事外，尤其是中國人民解放軍的空降兵部隊早在2016年就引進「虛擬實境」（Virtual Reality, VR）的訓練系統，大幅提升解放軍空降兵的訓練效率，據稱也降低10%的空中事故率。我國陸軍「空降訓練中心」近年也新建置了「操傘模擬器」訓練系統，也可模擬現行操作的各型傘具以及

各種不同的跳傘狀況，針對不同班隊（基本傘、高空滲透、特種地形跳傘）設定訓練課程。學員可以藉由穿戴VR眼鏡和懸吊裝置、人體感應器以結合電腦系統，讓傘兵模擬空中拉傘操作的判斷、故障排除要領、操傘控制、碰撞閃避、障礙操傘技巧⋯等操作流程，大幅降低訓練風險。

模擬器還可以選擇單一跳傘的個人訓練模式，或是網路連結的群組訓練模式，提供學員在任務上的多元性。此外，控制系統亦能設定天候狀況、風速、飛機、晝/夜、著陸場⋯等功能；依據國軍戰備任務所需而進行個別調整。尤其像「神龍小組」在公關表演活動前（如總統府前廣場、國家兩廳院、高雄都會公園⋯），或是最近在大鵬灣推行的水域跳傘等，空特部可依照任務需求，輸入或調整相關圖資，提供官兵預先演練在不同場域做目標識別，或及時狀況的處置模擬。

這套美國的「操傘模擬器」（PARASIM）訓練系統，在國外早已經是相當成熟的產品，在這十餘年來一直是美國陸軍、海軍、空軍和海軍陸戰隊的機組人員和傘兵訓練的訓練裝置，迄今已將近輸出400套系統提供世界各國的人員進行培訓，讓傘兵能先強化心理準備、增強操傘技能並降低實際空跳的風險。透過這樣的科技訓練裝置，不僅能提高了任務的達成率和安全性，同時更降低了訓練成本。

第五章 注重傳統與開創未來

左｜「操傘模擬器」訓練系統是傘兵科技練兵的代表，世界各國傘兵也開始大量挹注資源於此。（Photo/ 黃竣民攝）

右｜教官透過系統輸入訓練科目的目標區地形、天氣條件（風向/風速），便可觀察每位學員針對狀況的處置是否合宜，而且可以提供多人同時進行模擬訓練。（Photo/ 黃竣民攝）

指導的教官可透過一個中央控制站監控風向、風速、降落傘的狀態和3D地形圖，而憑藉網路的功能可以讓團隊一起跳躍預作排練，從模擬跳出機門到安全且精準地著陸在指定目標上，這個過程教官都可以在螢幕上觀察每位傘兵的操作過程，然後在「行動後檢討」（AAR）中進行評判，不會再有以往"口說無憑"的情況。因此無論是基本空跳、高空跳傘，還是「高跳高拉」（HAHO）或「高跳低拉」（HALO）的滲透跳傘，都能套用設定當日要的真實地形和風力條件進行訓練，能讓跳傘者熟悉計畫的任務路線和目標位置，練習分組和避免碰撞，並事先演練應變計畫。

根據操作者的經驗反饋，「操傘模擬器」跟實際空跳時唯一的差別，似乎只在於空中受風吹的感受！不過這也是「空訓中心」多年以來

欲建置「風洞」（Wind tunnel）的原因；可惜因為建案的優先順序，這個項目多年來一直都沒能被排入。根據德國「聯邦國防軍」的經驗，實際空跳的所費不貲（德國的C-160型運輸機一小時的飛行成本約3,500歐元，而美製的C-130型運輸機約6,600美元，然而飛行時通常只有1-2波次的跳傘機會）。根據估算，在風洞中進行1小時的訓練，幾乎概等於100次實際高空跳傘的訓練；因為在高空跳傘的自由落體過程中，傘兵頂多只有45-55秒左右的時間可做相關動作，能真實訓練的時間其實非常短暫。若能藉由風洞系統模擬高空的氣流環境，讓傘兵對各種空中操縱的基礎知識與緊急程序訓練成反射動作，的確可以大幅降低恐懼感跟出錯率。因為傘兵在跳出機門時的飛機航速約160公里/時，在這個階段正是傘兵最可能犯錯的時機點，雖然風洞系統的訓練無法完全取代實際空跳，但藉由此模擬出的環境效果，也能消弭因天氣因素（風速、降雨…）而導致的訓練停滯，這也是外軍願意砸重金去建置風洞來訓練傘兵的原因。

目前傘兵的訓練時數為地面訓練112小時（另夜間+18小時），近期又新增評鑑的7小時，以確保受訓的學員通過考核能上機空跳。而取得傘徽的資格雖然還是跳滿五次，但是在順序上已經做了調整：前2次為晝間徒手、第3次為夜間徒手、第4次為晝間帶槍、第5次為晝間帶裝備+槍。如果學員都能一一通過這些訓練的課程，那恭喜你終於能取得第一枚入門款（飛翼上一朵梅花）的基本傘徽！如果繼續待在特戰部隊，隨著空跳次數的累積有機會取得中級傘徽（20-49次，飛翼上兩朵梅花）、高級傘徽（50次以上，飛翼上三朵梅花），如果還覺得不過癮，還可

以嘗試跳特種地形，只要通過高山、水域、森林等困難地形空降訓練的官兵，就有資格配戴所謂的「鐵漢傘徽」；成為「傘兵中的傘兵」！

在新一輪的組織調整案中，陸軍的各個訓練中心已改隸教準部麾下，未來的運作效能如何有待觀察。（Photo/ 黃竣民攝）

　　為統一各兵科學校或訓練中心的兵監管理，在 2023 年的 10 月起，原「陸軍航空特戰指揮部」麾下的谷關「特戰訓練中心」、屏東「空降訓練中心」，則移編至「陸軍教育訓練暨準則發展指揮部」麾下，空降與特戰訓練自此從母體抽離。未來在掌理陸軍各兵科學校教育訓練、軍事理論與戰術戰法研究的教準部麾下，「特戰訓練中心」與「空降訓練中心」又會走出什麼樣的新時代風貌呢？

「雙腿併攏」（美國陸軍空降學校現況）

以美軍傘徽為造型的空降步道，環繞著步道設置的單位紀念碑，記錄著每一支傘兵部隊的征戰歷史。（Photo/ 黃竣民攝）

　　既然中華民國的傘兵是二戰末期由美國親手培訓起來，那歷史的淵源自是無可切割，而為了一窺美國傘兵目前的訓練實況與國軍做一個對照，筆者也親自來到了更名後的「摩爾堡」這一座龐大的陸軍基地訪問。光是駐紮在此基地內的單位根本就可以令人眼花撩亂，目前它是許多單位的駐地，包括：美國陸軍「機動卓越中心」（Maneuver Center of Excellence）、裝甲兵學校、步兵學校、第75突擊兵團、「第1安全部隊援助旅」（1st Security Force Assistance Brigade）和其他的單位；而「美

國陸軍空降學校」也只是其中的一個小單位而已,但它卻承擔起為美國各軍種的初級領導階層培養傘兵精神,讓其人員在作戰責任範圍內具備執行空降的能力;也是美國從基礎到專業的跳傘學校。

美國從組建第一支傘兵營(第501空降步兵營)後,當時風行另一種以滑翔機機降著陸的作戰模式,也在空降部隊中佔有一席之地,美國陸軍對這種類型的機載實驗自1941年10月10日展開,當時陸軍第一個滑翔機步兵營也就孕育而生。隨著越來越多的空降部隊接受訓練與編成,美國陸軍也意識到必須建立一個集中訓練的單位,於是當時就選定「班寧堡」作為空降學校以專責傘兵的跳傘訓練。和許多國家一樣,它歷經80多年的變遷也陸續更換過許多名稱,包括:空降學校、步兵學校陸軍航空空降科、步兵學校空降部、空降-空中機動部、空降部、學校旅第4空降訓練營、第507傘兵團學校旅第1營、第11步兵團第507步兵團第1營⋯等番號。

目前隸屬於美國陸軍「訓練與準則司令部」(Training and Doctrine Command, TRADOC)的「空降與突擊兵訓練旅」(Airborne and Ranger Training Brigade, ARTB),駐在「摩爾堡」的訓練單位就有好幾支,但是負責培訓有關跳傘的各級技術班隊,包括:基礎空降學校、高空跳傘學校和「導航學校」(Pathfinder School),則統一由第507空降步兵團第1營負責。另外該團還設有一支名為「銀翼」(Silver Wings)的特技跳傘隊伍,那是1958年由該部中經驗豐富的傘兵,在「班寧堡」

內所成立的運動傘兵俱樂部，以便在週末休閒時能繼續磨練自由落體的高空跳傘技能。[1]

第507空降步兵團建制內的「銀翼」跳傘隊，也是一支兼具公關性質的特技小組，然而資源卻與「金騎士」無法比擬。（Photo/ USAF）

一到「美國陸軍空降學校」，便可以感受到傘兵異於其他兵種的訓練氛圍，"雙腳併攏"（Keep your feet and knees together）和特殊的"One thousand, two thousand, three thousand, four thousand, five thousand, six thousand！"（一秒鐘…六秒鐘）答數聲（T-11型降落傘為6秒），在訓練場上操課不論學員正在實施什麼科目，鋼盔都是離不了頭的。另外，在此地的部隊跑步也別有一番特色，這種為了增強傘兵耐力，而不是速度的特殊步伐被稱為"空中滑步"（Airborne Shuffle）。因為傘兵

---

[1] 目前美國陸軍保有四支現役的特技跳傘小組，包括「金騎士」、「傘兵突擊隊員」（Para-Commandos）、「黑匕首」（Black Daggers）和「銀翼」。

背著沉重的背包跑步對韌帶、肌腱和關節都是很大的傷害，因此在空降學校，學員穿著作戰靴或攜帶裝備跑步時，帶隊跑步的配速大約是 9 分鐘跑一哩，這是一種介於走路和跑步之間的慢跑模式。

根據實戰經驗顯示，美軍要求傘兵跑得快，還不如跑得久、跑得遠；因為再快也不會比子彈快，就像在「第 101 空降師」的戰術行軍標準中，傘兵背負「模組化輕量裝備攜行」（modular lightweight load-carrying equipment, MOLLE）的背包，需在 4 小時內完成 12 哩的行軍。雖然在醫學的實驗中證明這樣的空中滑步訓練並沒有直接關聯，但從二戰成立傘兵以來，這樣的跑步模式或許早已成為傘兵部隊中的一種默契與傳統，也是他們展現內在凝聚力的特殊方式。

菜鳥傘兵都會在「尤班克斯訓練場」上滾出一片天，他們對此地的記憶想必終生也難以忘懷。（Photo/ 黃竣民攝）

每年大約有 14,000 名官兵會到「美國陸軍空降學校」接受跳傘訓練，然而志願來此接受傘訓的官兵，得先通過 17 至 21 歲級別的「陸軍體能測驗」（Army Physical Fitness Test, APFT）標準才行（附表）[2]，外加單槓屈臂懸掛的獨立項目；而且官兵穿著野戰服時的體重必須至少 50 公斤（降落傘不能太輕，容易飄較遠肇生危險）。未能通過「陸軍體能測驗」者就會被直接退訓，而通過「陸軍體能測驗」卻沒能通過單槓屈臂懸掛（吊單槓）20 秒者，則會在拉力模擬器上進行評估，以確認學員具備足夠的上身力量拉動模擬 T-11 降落傘的傘繩進行滑行。另外還有一項是身高的要求，會在機身訓練站的鋼索進行實測，學員的高度如果無法用手甩出引張帶，可能就無法接受訓練！

對於美軍而言，報名參加基本傘訓是一種開放的系統，歡迎官兵踴躍參加以提升本身不同的軍事技能，對於增強對從軍的自豪感和單位歸屬感具有潛移默化的作用。相較於喜歡冒險犯難的民族性與成長文化，雖然對於這種軍事技能採取開放的態度也是美國獨特的軍隊文化之一，但更現實的是只要學員通過傘訓，即便你不是傘兵或在空降部隊服務，但每個月的薪水也有 150 美元（2023 年）的跳傘專業加給會入帳！

2　參閱 TC 3-21.220。

測驗項目	男性	女性
伏地挺身（2分鐘）	42	19
仰臥起坐（2分鐘）	53	53
3.2公里徒手跑步	15分54秒	18分54秒
單槓引體向上懸掛	20秒	20秒
拉力模擬器	20秒	20秒

為期三週的「基礎空降課程」（Basic Airborne Course）分主要分為兩個訓練階段，如果以學校階段的形容詞來比喻，美軍學員認為："第一週像小學、第二週是國中、第三週是大學"。前面的第一、二週主要是地面訓跟高塔訓練階段；第三週才是實際空跳訓練的階段。在此期間，俗稱"黑帽"（Black hats）的教官們會緊盯各兵的動作，並抱持著"嚴厲的愛"（Tough love）來糾正並訓練學員。在這一週的訓練中，頭盔的下巴帶和防撞盔墊會散發出難聞的臭汗味，噴什麼芳香劑都無法抑制積累的味道，成為一群真正的"汗味戰士"；而通常在這一週也是刷掉最多學員的階段。

左｜傘訓教官均由士官擔任，他們頭戴黑色的棒球帽，在帽子上別有軍階和傘徽，學員們俗稱其為"黑帽"。（Photo/ 黃竣民攝）

右｜傘訓場旁"注意傘兵"的特殊警告標誌，與我國的似乎有異曲同工之妙。（Photo/ 黃竣民攝）

地面課程主要是「跳台測滾」（Parachute landing fall, PLF），也就是俗稱的"四個方向、六個動作"（前滾左、前滾右、後滾左、後滾右、側滾左、側滾右），目的是在訓練傘兵著陸後的五點滾翻（腳側、小腿、大腿、側背、肩背）；而不是危險的"三點碰撞"（腳、膝蓋、頭）！此站最重要的是要讓學員將五點著陸的正確動作深植腦海，訓練成不經思索的反射動作為止，以最大程度地減少著陸時受傷的可能性。不過學員經如此大量的滾翻後，由於關節、腰、背和肌肉痠痛需要緩解，因此寢室或營舍都瀰漫著類似"撒隆巴斯"、"一條根"的味道也就不足為奇啊！

此外還有「擺盪著陸」（Swing landing trainer）的訓練，實際模擬身體著陸後的滾翻技巧，避免腿部或腳踝骨折…等傷害。教官並不會讓學員知道何時會鬆手讓學員著陸，在跳台測滾項目如果沒有練好，在這一關通常會有很多奇怪的著陸姿勢出現，看到什麼姿勢都不意外啊！至於「機身訓練」，由於美軍的運輸機種較多，除了C-130「力士」運輸機是常見的機種以外，此外還有C-5「銀河」（Galaxy）運輸機和C-17「全球霸王Ⅲ」（Globemaster Ⅲ）運輸機，這些運輸機除了搭載的乘員數多寡不一外，動作卻沒有國軍的"八個口令、九個動作"（第N波、起立、掛勾、檢查引張帶、檢查裝備、檢查報告、向前滑行、左/右機門擋門）那麼繁瑣，口令只有"Stand up"（起立）、"hook up"（掛勾）、"shuffle to the door"（滑步至機門）和"jump right out and count to four！"（跳出機門答數四秒鐘）。美軍的空降場規模都較大，每一波次的空跳人數

也較多，因此在"擋門"的這一部分和我國比較不一樣，一般也不會去練所謂的"擋門三步路"（目前已修改成二步）。

在「吊架訓練」：是在模擬傘兵跳出機艙後，飄在空中的滯空時間將可能會面臨的種種情況（包括：半翻傘、傘失效，和各種地形的降落和操傘方式）。至於傘具的特性介紹與故障排除（因為美軍的訓量很大，目前還是 T-10D 圓形傘與 T-11 方型傘併用的階段），所以學員對新、舊型的降落傘都得熟悉才行。

左｜擺盪著陸的科目中，大多數初學者幾乎都會像是甩一袋馬鈴薯般的著陸。（Photo/US Army）

右｜空跳週學員領傘、著裝、到機棚待命（不得睡覺或交談），何時能登機沒有答案其實才是內心最煎熬的。（Photo/US Army）

第二週的課程除了接續擺盪著陸與吊架訓練，強化跳出機門後的空中操傘技巧與著陸後的狀況處置外，34 呎高的高塔訓練更是本週的重點。學員會從高塔跳出並自由落體約 15 呎，然後順著一個鋼索滑到地面上，學員除了克服心理恐懼外，也體驗到跳出機門後由引張帶拉動的

衝擊感受。而少數的學員才有機會登上具有相當的歷史、高度達250呎（76公尺）的「自由塔」，享受宛如遊樂園中"大怒神"那般的自由落體感受。

第三週是空跳週，在這一週當中學員早起後會先去領傘、著裝、然後就在傘棚區待命等飛機；不過一等可能會等好幾個小時，但學員在等待的階段是不得睡覺、交談，只能發呆跟沉思，其實對內心也是一種煎熬！在後續的五次空跳訓練；前三次的空跳被稱為是"好萊塢"（Hollywood），因為是不帶任何裝備的單人徒手空跳，第四次是攜帶裝備和步槍在晝間進行，最後一次則是攜帶幾十磅的裝備和步槍在夜間進行空跳。一旦能順利完成5次成功的傘降訓練後，你可以正式從該項目中結訓並獲得一枚傘徽。

左｜傘兵著陸後得迅速完成收傘，免得風大更不好收拾（更吃力）。（Photo/US Army）

右｜胸前別上銀翼（傘徽），代表三週的揮汗訓練終於有所回報。（Photo/US Army）

一般而言，學員在順利的情況下都能在當週完成五次的跳傘，結訓典禮則在當週的週五舉行，只是夏季與冬季的時間不太一樣（夏季0900時、冬季1100時），地點則是「尤班克斯訓練場」（Eubanks Field）南端造型獨特的「空降步道」（Airborne Walk）舉行。該場地是紀念二戰榮譽勳章（Medal of Honor）得主尤班克斯（Ray E. Eubanks）中士所命名，主要是對每一位曾經或將來獲得傘兵資格的人致敬；步道採用基本傘徽的形狀，環繞其中設有28座的紀念碑，以紀念過去空降部隊的所有單位，而在步道中央豎立的一座紀念碑，則是最初「降落傘測試排」所有成員的名字。不過，如果天氣或其他原因延遲了預定的空跳行程，那結訓畢業可能會在第五次空跳落地一小時後，直接就在「弗萊爾空投場」（Fryar Field）上舉行，相當具有野戰風格，肯定也會令結訓的傘兵畢生難忘。

想知道美國陸軍空降學校培訓的合格率嗎？以先前17年（1985-2002年）的統計數字，總共有227,549名人員參加訓練，其中37,977人因各種受傷而不合格（約16.7%）；如果加上其他的因素被淘汰，一般而言的合格率大約是在6成，也就是將近4成的學員無法取得傘徽！之後，美軍於2007年推出了所謂的「空降培訓課程」（Airborne Orientation Course, AOC），透過一天兩次的體能訓練（健身房、游泳池…）以強化的體能狀況（畢竟空降是個體力活，因為傘兵通常得攜帶100到150磅裝備的重量，著陸後才展開行動）。這項訓練計畫取得了顯著的績效，讓傘訓學員的合格率從之前的60%左右提升至89%；幾乎是提高了3成。

這為期三週的訓練，只是美國陸軍的空降學校基礎訓練，每一年有上萬名的官士兵從這裡結訓；而其中超過 10% 是女性。回顧美國陸軍的空降史，最早一批女性完成基礎空降課程的時間已經超過五十年[3]，當初還是經過"調整"的課程，但從那之後起，女性官兵的空降課程就與男性不再有區別了。

經過三週的訓練，學員們列隊在「尤班克斯訓練場」上在親友們的見證下舉行結訓典禮。（Photo/黃竣民攝）

從美國培訓傘兵的程序就可以看出美國軍隊強大的底氣，在軍事人才的儲備上是非常有系統與規模。美國現役的空降部隊並沒有多少單位，但光從傘兵學校每年就結訓一萬多人，這當中絕大多數並沒派去「第82空降師」任職，甚至說他們參加這些訓練，壓根兒就和自己的本職工

---

[3] 1973 年 12 月 14 日，二等兵喬伊斯・庫奇（Joyce Kutsch）和麗塔・約翰遜（Rita Johnson）完成了美國陸軍軍需學校降落傘操作員的課程，後來被分配到「布拉格堡」的空投連。

作並沒有直接的關係，只是讓自己多了一項軍事專長並領取加給[4]。但美國願意投資資源去培養這麼多人，考量的是一旦到了戰時就能迅速擴充成數倍的空降部隊，讓美軍的作戰兵力無虞且轉換迅速；而這只是他們培養各種領域的人才，並能隨時待命（combat ready）的其中一種而已，讓大家見識到美國不僅是"民主國家的兵工廠"，而且國內具有"戰爭潛力"的人員更早被廣儲於民間的做法，讓人不敢忽視。

左｜在結訓典禮後，筆者特別致贈我國特戰紀念幣和基本傘徽予「美國陸軍空降學校」的指揮官：麥克雷（Brian McCray）中校。

右｜雖然「突擊兵」的口號是 "Rangers lead the way"，但是傘兵總是會說 "Airborne All the Way"，就當是一種美式幽默吧！（Photo/ 黃竣民攝）

---

4 美軍的「專業專長」不見得與佔缺的「職務」相關，只要具備合格的專長就能每月支領，如外語專長最高級別可支領 1,000 美金／月。

跳傘危險嗎？

自從傘兵成立以來，由於初期各國在傘具的安全性上尚在摸索階段，危險的程度自然不言而喻，例如蘇聯組建傘兵的初期，跳傘的傷亡率幾乎是1/10。但是歷經數十年的改進，各國除了在傘具上提升了不少安全性外，也在傘兵的穿戴裝置上下過苦心，例如1990年代中期曾經風行過的「腳踝護套」（Ankle Brace）。

美軍這一種壓克力材質特製的護套，於1985至2002年期間在「班寧堡」的傘兵學校與「第82空降師」中進行了長時間的測試，有超過22.7萬名訓員參與這項裝備的實驗，期間發生九百多例的因跳傘住院的事故，其中又以踝關節損傷為最大宗（近6百受傷案例，約佔64％）。而美國陸軍人員中約有11％的踝關節骨折發生在空降學校訓練期間，使用「腳踝護套」能由原先的5-8％大幅降至1％以下，直接降低約40％受傷住院治療的機率；這是一個非常有效的醫療投資，因為採購「腳踝護套」的費用（每年約3萬美元），與節省出來的醫院護理和復健費用（每年約83.5萬美元），其成本效益比約1:29。儘管「腳踝護套」的效用可能會因天氣、降落傘類型、戰鬥員負荷和著陸區地形…等因素而有所不同，但在大多數的情況下，它的確讓傘兵在防止腳踝受傷上大有助益，這只是其中一例。

左 / 右｜新型的傘兵戰鬥靴，能在靴子的左 / 右兩側抽 / 插腳踝護套增加使用彈性；目前特戰營的官兵已經優先換裝使用該型鞋款，降低跳傘著陸時對腳踝受傷的機率。（Photo/ 駱貞俊、林栩如提供）

或許在加入傘兵或接受跳傘訓練之前，人們多少都存有極大的心理恐懼或憂慮，但這裡也提供一項由「美國跳傘協會」（United States Parachute Association, USPA）統計的數據，說明跳傘在美國其實是一項既安全又受歡迎的運動。[1] 該協會從 1961 年便開始記錄每年因跳傘導致死亡的人數，首年記錄到 14 起跳傘死亡事件，後來在接下來的廿年裡，這一個數字在顯著增加，並在 1970 年代末達到高峰（當時的死亡人數連續幾年都在 50 多人左右）。在 1980 和 1990 年代，每年因跳傘肇生

---

[1] 這些協會所使用的傘具與跳傘高度，絕大部分與傘兵基本訓練的不同。

的死亡人數一直維持在 30 多人左右，不過進入 2000 年之後這數字便開始緩慢的下降了。每一起跳傘死亡的事件都讓人心碎，因此採取措施從這些意外事件中獲得經驗與教訓加以改善，並引進更好的操縱技術、傘具設備以及訓練計劃，進而不斷提升跳傘的安全性，這些都是有目共睹的成效。該協會目前擁有超過 4.2 萬名會員、分布在 208 個附屬的跳傘中心中，光是在 2022 年這一年當中，就進行了約 390 萬次的跳傘（平均每位會員跳傘 92 次），因此發生的致命跳傘事故有 20 起記錄在案。

或許軍事跳傘無法與民間的跳傘運動相提並論，但美國在換裝新型的 T-11 型傘具後，事故率也在下降卻是不爭的事實！被稱為是「先進戰術降落傘系統」（Advanced Tactical Parachute System, ATPS）的 T-11 型降落傘，乃是為了滿足美國陸軍空降時承載更重的需求，耗費 3 年半的時間投入研究才成功開發出來。儘管 T-11 早已經達到「全面作戰能力」（Full operational capability, FOC），但自 2009 年部署 T-11「先進戰術降落傘系統」（ATPS）以來，迄 2016 年的年底，已有 9 名傘兵因使用該型降落傘或副傘而死亡的案件，導致對新降落傘系統的設計、安全性和有效性產生質疑。但是經過多項測試和研究後都得出了一致的結論，認為操作 T-11 降落傘對傘兵跳傘時的相關傷害的確有所減少。但美軍中要求繼續評估、修改，甚至研製一個新的降落傘的意見也不是沒有，因此 T-11 Gen2 降落傘目前正在美國陸軍進行測試中。

左 | 2010 年美國陸軍空降學校第一批完成 T-11 型「先進戰術降落傘系統」的學員，該型傘具正取代服役 60 年的 T-10 型降落傘。（Photo/US Army）

右 | T-11 型「先進戰術降落傘系統」，對於初階傘兵在空跳訓練上，的確降低了不少受傷事故（超過 75%）。（Photo/US Army）

在美軍的 T-11 型傘具服役後，根據「美國陸軍公共衛生研究院」（U.S. Army Public Health Institute, USAPHI）的一項研究，T-11 與 T-10D 型傘相比較，肇生傘兵傷害率的可能性降低了 43%。對照原先使用的 T-10D 型傘具，傘兵每跳 1,000 次平均就會受傷 9.1 次；而 T-11 型傘具每跳 1,000 次傘兵受傷的平均數則降至 5.2 次。其他使跳傘時增加的風險因子，還包括：夜間跳傘、攜帶全部戰鬥裝備，或是在強風或高溫的氣象條件下跳傘。T-11 型降落傘的完整組裝（主傘 + 副傘）重量達 53 磅（增加 7 磅），開傘後的外型呈十字形，而非先前的圓形狀，得益於更大的直徑（增加 14%）和吃風面積（增加 28%），有效降低開傘後的震盪效應，並讓降落傘的下降速度從每秒的 22 呎減至 18 呎（減緩 14%），預計衝擊力將減少 25%，從而減少跳傘著陸的相關傷害。

另外在 2014 年 2 月所發布的研究報告中，分析了超過 13 萬次的空

跳數據，其中大部分是在「布拉格堡」的空降場所進行。研究調查了 1,101 起受傷事件，發現傘兵平均每跳 1,000 次傘導致受傷的次數為 8.4 起。大多數傘兵的傷害都是著陸時與地面撞擊有關（約 88%），但在新型的降落傘中這樣的傷害反而比較少見。根據美軍官員表示，在美軍中因跳傘受傷是現役官兵住院的第六大原因，但幾十年下來的受傷率已經有所改善。由數據可看出，在二戰期間每 1,000 次跳傘就有 21 至 27 人會受傷，以美國陸軍的「第 82 空降師」長年以來的歷史受傷率顯示，該師平均每實施 1,000 次跳傘的受傷率為 11 人。而從「布拉格堡」的統計數據中也顯示出，肇生傘兵最常見的傷害是腦震盪、腳踝扭傷和腰部扭傷，其中腦震盪佔所有傷害的 1/3 以上；骨折約佔所有傷害的 13%。

有了這一些數據，如果與一般民眾的日常交通所遭遇的事故死亡率相比，恐怕心理上要安慰許多，舉例在美國平均每十萬人的交通死亡率為 12.4 人、台灣為 12.1 人（2019 年資料）；而光是同一年台灣在道路交通事故上的總受傷與死亡人數就超過 45 萬人，這樣你還是認為跳傘危險嗎？

時代出女力、航特續前行

　　早期，我國軍隊的組成多以男性為主，雖然女性偶爾可見點綴其中，這多少有點受到美軍律法的影響，而讓女性欲投身軍旅時即造成束縛[1]。即便後來放寬至「作戰排除政策」的限制，甚至在 1994 年鬆綁相關的戰備規範，讓更多女性得以有更多參加軍事訓練與投身軍旅的機會，不過這樣的制約，還是拖到了 2013 年才算是較全面性的解除，如今世人也才能見到這些女性戰力還在世界各國持續壯大。經過七十多年的演變，美軍中已經出現四星上將、艦長、基地指揮官、戰機飛行員、突擊兵…等人物，而且還在創造新的歷史記錄。

左｜1948 年 6 月 12 日，杜魯門（Harry S. Truman）總統在白宮前展示簽署的《女性武裝部隊一體化法案》，該法案授權美國各軍種的常備與後備部隊中能招募女性官兵。（Photo/US DoD）

右｜美國肯定婦女在軍隊中的表現，還在「葛列格 - 亞當斯堡」（Fort Gregg-Adams）內建有特殊的「美國陸軍婦女博物館」（U.S. Army Women's Museum）。（Photo/黃竣民攝）

1　1948 年時任美國總統的杜魯門簽署頒布《女性武裝部隊一體化法案》（Women's Armed Services Integration Act）。

我國在先前的部隊運作制度下，女性官兵的占比也不高，而且多從事以勤務支援為主的工作成分居多，要看到真正的野外演習場合中有女性的機會是少之又少。不過進入 21 世紀之後，我軍在軍事組織歷經一連串重大變革之際，且兵役制度經過大幅度的轉變，女性的人力資源已經成為國軍中越來越不可缺少的成分了！

隨著女性官兵在國軍員額比例上的逐年增加（目前已超過 15%），在航特部麾下的戰鬥單位中，幾乎都可以看見女性服役的身影。（Photo/ 王清正提供）

　　而在一般人眼中，空降部隊本就是陽剛味十足的環境，但也罕見產生出過幾對的神龍夫妻檔（如邢治家＋廖鳳玉、汪立范＋祝蘭芬、李扶樵＋蔡翠柳、蕭慶達＋李美英），在這種單位還能譜出「神鵰俠侶」的

美談，雙方在跳傘的技藝上可要功夫了得才行。不過當事人潘益龍士官長自然不是池中物，當初他還是"小鮮肉"時就擁有 6 百次的跳傘紀錄，而她的"小龍女"陳昱廷也有 4 百次之多。潘益龍士官長持續在這個領域精進，目前仍然是國軍現役人員當中，跳傘次數最高紀錄的保持人（朝 1,400 次邁進中），之前還曾代表國家赴斯洛伐克參加跳傘比賽，他於 2009 年高雄舉辦世運會的跳傘服裝，讀者若有機會進入「空訓中心」的隊史館時還可以看見被收藏其中。而陳昱廷士官長雖然已經在 2017 年退伍，將生活重心回歸家庭，但其軍旅生涯全期也擁有超過 6 百次的跳傘紀錄，在女神龍界也算是數一數二的紀錄了。

左｜呂書羽是陸軍中第一位在美國完成高空滲透傘訓練的女性軍職人員，在「空訓中心」任職期間完成超過 3 百次的跳傘。（Photo/ 呂書羽提供）

中｜「神龍小組」也出過幾對的夫妻檔，像目前國內跳傘次數最高紀錄保持人的潘益龍士官長，其妻陳昱廷士官長也是女神龍出身。（Photo/ 潘益龍提供）

右｜目前在傘教組擔任教官的鄧潔，先前職務是在飛保廠擔任組長，也是女神龍的台柱之一。（Photo/ 空訓中心提供）

說到現代"女神龍"的故事也不少，除了2015年在第10軍團指揮部士官督導長任內退伍的張瑞容，她個人在「神龍小組」期間跳傘次數超過600次，至今仍是國軍女性跳傘次數最高記錄的保持人。另外在2014年赴美接受12,500呎高空滲透跳傘訓練的呂書羽，她在26次的考核中均達到美軍標準，成為我國陸軍第一位完成美軍高空滲透傘訓練的女性軍職人員，跳傘次數也超過300次。而國軍現役中最年輕的"苦海女神龍"，當屬先前被譽為是「航特部全智賢」的李亭儇了，她在2016年時的一次表演中，因瞬間大風造成著陸時大腿骨撞斷的意外，經過手術及3年漫長艱辛的復健過程，好勝心強烈的她竟然又重新完成地面複訓，甚至完成困難的海上跳傘，並曾一度回到傘教組擔任教職，這樣強大的心理素質不得不令人肅然起敬。綽號「甜心女孩」的邱國媛，則擁有美國跳傘協會A級跳傘證照，也曾經是「神龍小組」中唯一的女軍官，任內跳了快三百次。還有原為從事直升機後勤工作的鄧潔，竟然在一場全民國防展演中看到「神龍小組」精湛的演出後，便立志要成為其中的一員，要知道在軍旅中從能上下班的後勤維修單位，自願轉行到高風險及艱辛的特戰部隊，其內心的掙扎與身體要經過的磨難可想而知。也別以為「傘兵中的傘兵」只有男性，完成特種地形跳傘訓、配戴"鐵漢傘徽"的姚岱吟，先前曾在山寒地作戰組擔任助教，除了具備軍中的通信專長外，民間證照更多達有十餘張，也不得不對她刮目相看！

第五章
注重傳統與開創未來

左｜先前曾在山寒地作戰組擔任助教的姚岱吟，除了具備軍中的通信專長外，民間證照更多達有十餘張。（Photo/ 姚岱吟提供）
右｜已經有越來越多的女性官兵在國軍內發光發熱，例如第 601 旅戰搜隊的 OH-58D 直升機教官陳姿瑩。（Photo/ 王紹翔提供）

不只有傘兵部隊中有新時代的女力，航特部內的女飛行官排起來陣容也是嚇嚇叫！從美國維吉尼亞軍校畢業的陳品菜，可是陸軍第一位攻擊直升機的女性飛行官，她在美國軍校就讀期間的表現就極度優異，操縱 AH-1W「眼鏡蛇」攻擊直升機的技術也是有目共睹；畢竟飛這一款非全自動的機型，因為獨特的機體設計，在操控上對女性而言是相對比較吃力的機種。而操作體型龐大，也是在航迷之中有"吹倒哥"之稱的 CH-47SD「契努克」直升機，一樣也有女性的飛行員出現，那就是陸軍中首位在空中運輸直升機作戰隊服務的陳彥蓁。而原本是飛 UH-1H 通用直升機的飛行官楊韻璇少校（已退伍），在該型機全面除役之後，經過長時間的換裝訓練，終於通過「阿帕契」攻擊直升機的飛行員合格認

證，她當時可是亞洲第二位的女性「阿帕契」攻擊直升機飛行員因而聲名大噪[2]。原本飛 OH-58D 戰搜直升機，後派赴美接受 UH-60M「黑鷹」直升機換裝訓練的黃慈婷，返國後也都在崗位上貢獻所學。同樣是「黑鷹」直升機飛行員的黃婉琳，也是由 UH-1H 機種轉換而來，目前飛行時數已超過 900 小時，相信很快能獨當一面外，並肩負起教導後輩的責任，也讓已經在天上的空軍老爸能為她感到驕傲。

左｜陸軍首位空中運輸直升機作戰隊的陳彥蓁，先後完成 TH-67、OH-58D、CH-47SD 等機型的換裝訓練。（Photo/ 航特部提供）

右｜當時全亞洲唯一一位駕駛 AH-64E 直升機的女性飛行官楊韻璇，曾是時下媒體的焦點。（Photo/ 航特部提供）

2　2012 年新加坡空軍的 Joyce Xie 上尉是亞洲首位的「阿帕契」攻擊直升機女性飛行員。

左｜陸航部隊中已培訓多位駕駛 UH-60M「黑鷹」直升機的女性飛行官,而黃婉琳正是其中之一。(Photo/ 黃婉琳提供)

右｜國軍女力的代表性人物,無非是首位女性中將的陳育琳。(Photo/ 力行提供)

　　國軍目前已經有很多位女飛官、女神龍、也有女性「突擊兵」了,未來假以時日是否會出現女「海龍蛙兵」,國人可以拭目以待。當越來越多的女性官士兵,也逐漸在主打"勇猛頑強"軍風下的航空特戰部隊展露頭角,在男女平權與全志願役的招募上,只要符合資格並達到特定要求的標準,性別就不應該是衡量的標準。畢竟,在國軍中都已經有女性的中將(政戰局長陳育琳)出現了!

在2024「陸軍航空特戰指揮部」80週年的隊慶活動中,有陸軍航空、傘兵、蛙兵、特戰兵的資深隊員們共聚一堂,凸顯出這一支部隊的獨特性。(Photo/ 黃竣民攝)

隊史館中可見這支部隊歷經各個番號時期所使用的軍旗,從1944年的「傘兵第1團」,到今日的「陸軍航空特戰指揮部」,篳路藍縷地記錄了它的艱辛與輝煌。(Photo/ 黃竣民攝)

後記

在本書緊湊的寫作時間下，期間除了分至「大聖西營區」、「麗陽營區」、「歸仁營區」訪問外，甚至還遠赴美國喬治亞州的「陸軍空降學校」，與美國最早組訓空降步兵單位的「托科亞營區」舊址、突擊兵訓練基地山訓階段的「麥瑞爾營區」、步兵博物館，維吉尼亞州的美國陸軍國家博物館，和阿拉巴馬州的「陸航卓越中心」等地實地取材，匆促的撰寫與訪談行程，就是希望呈現出不同於國內以往的作品給讀者。

在此，我也要特別感謝「陸軍航空特戰指揮部」麾下各所屬單位的大力協助，還有那些願意接受訪談、提供資訊與珍貴照片，並支持我將此歷史文獻完成的贊助者們：

力行、卜祥鴻、于培信、王玉麒、王幼林、王清正、汪叔鑑、李星澤、李裕勳、李孟剛、李維禎、呂書羽、林柏志、林栩如、林峻逸、邱世明、吳政耀、吳祝榮、徐仲傑、徐靖、范秀香、夏宜強、姚岱吟、許志偉、許琮和、高明正、莊富元、

孫建屏、曹大誠、陳桔雲、曾明雄、陳晞、陳濬蒼、郭力升、郭道鎮、許為仁、黃采婕、黃偉銘、黃寶鈴、張合中、張熙、張良順、張家輝、張寓嫻、張偉屏、張凱歌、葉金玉、葉宜盛、葉炳達、湯登凱、蔣天中、蔡宗恆、虞旭初、畢雲皓、熊明榮、喻華德、潘志峰、潘益龍、鄭鴻翔、駱貞俊、鄧祖琳、鄭瑞堅、蘇玉香、羅吉倫、嚴聖航、楊孝漢。

　　Ken Fielding、Liang, Chen-Kai、Lt. Alexander Mosher（US Army）、LtC. Bob J Stone（US Army）、LtC. Brian McCray（US Army）、Lt. Joe Reinkober（US Army）、Peter Chen、Vincent Huo.

國家圖書館出版品預行編目 (CIP) 資料

空降神兵 航空特戰 80 載／黃竣民 著
-- 初版 -- 臺北市：黎明文化事業股份有限公司
2025.04. 336 面 17×23 公分
ISBN 978-957-16-1038-2 （平裝）
1.CST: 空軍 2.CST: 歷史 3.CST: 中華民國
598.809　　　　　　　　　　　　　113015860

圖書目錄：590214

空降神兵 航空特戰 80 載

作　　　者	黃竣民
董 事 長 發 行 人	黃國明
總 經 理	詹國義
總 編 輯	楊中興
執 行 編 輯	吳昭平
美 編 設 計	李京蓉

出 版 者	黎明文化事業股份有限公司
	臺北市重慶南路一段 49 號 3 樓
	電話：（02）2382-0613
發 行 組	新北市中和區中山路二段 482 巷 19 號
	電話：（02）2225-2240
	郵政劃撥帳戶：0018061-5 號
臺 北 門 市	臺北市重慶南路一段 49 號
	電話：（02）2382-1152
	郵政劃撥帳戶：0018061-5 號
公 司 網 址	http://www.limingco.com.tw
總 經 銷	聯合發行股份有限公司
	新北市新店區寶橋路 235 巷 6 弄 6 號 2 樓
	電話：（02）2917-8022
法 律 顧 問	楊俊雄律師
印 刷 者	先施印刷股份有限公司
出 版 日 期	2025 年 4 月初版
定 　 　 價	新台幣 500 元

版權所有 · 翻印必究◎如有缺頁、倒裝、破損，請寄回換書
ISBN：978-957-16-1038-2